男孩百科

优秀男孩的习惯胜经

彭凡 编著

高效能习惯让你受益终生

化学工业出版社
·北京·

如果成长是一条蜿蜒的长路，
那么好习惯就是沿途的风景，
让成长的道路充满着鸟语花香！

如果成长是一棵生长的大树，
那么好习惯就是深扎地下的根，
它能让大树更加笔直、挺拔！

如果成长是一条奔流不息的河流，
那么好习惯就是一条条的小溪，
汇聚入河，帮助河流奔向辽阔的大海！

如果成长是一艘远航的船，
那么好习惯就是桅杆上的风帆，
帮助航船乘风破浪，驶向成功的彼岸！

习惯是成长过程中不可或缺的一部分,
每个人都有自己的习惯,
一个好的习惯,是成长路上的一缕春风,
伴随着我们健康成长!

一个好习惯的养成,
往往需要付出许多坚持和努力。
然而,只要我们稍不注意,
坏习惯就会趁虚而入,
轻易地击败我们的意志!
毁掉我们的一切!

你准备好改掉自己的坏习惯了吗?
那就打开这本《优秀男孩的习惯胜经》吧!
希望其中的79个好习惯能帮到你,改变你,
让你成为优秀男孩!

目录

第一章　让生活充满活力的好习惯

都是赖床惹的祸	12
牙痛真要命	14
早餐很重要	16
运动后不能做的事	18
你是"低头族"吗？	20
男生也要穿着得体	22
"帅气"的发型	24
讲卫生不是女孩的专利	26
举手之劳	28
提前几分钟	30

我的备忘录	32
出门前的检查	34
用过的东西	36
整理房间的乐趣	38
管好自己的零花钱	40
上网的好习惯	42
对爸爸妈妈说	44
运动，男孩的标签	46
少说话，多做事	48

第二章　让个人更具魅力的好习惯

喂，那个谁！	52
礼貌用语别忘用	54
我生气了	56
不文明的游客	58
教室里的文明	60
餐桌上的好习惯	62
一粥一饭，来之不易	64
噪声制造者	66
做阳光男孩	68
怀着一颗善良的心	70
捡到东西后	72
对小动物多一点儿爱心	74

不要喝倒彩	76
按顺序，别插队！	78
对爷爷奶奶多一点儿耐心	80
不插嘴，不打岔	82
管好自己的脚	84
别人的东西不乱拿	86
不捉弄女生	88
让人难堪的"幽默"	90
爱顶嘴的男孩	92
爱"吃亏"的男孩	94
不要变成撒谎精	96

目录

第三章　让学习更轻松的好习惯

课间十分钟	100
男生的课本	102
你的课桌整齐吗？	104
正确的学习姿势	106
男生也能写出漂亮字	108
每天读书一小时	110
周末的早晨	112
你会正确使用参考书吗？	114
走开，拖延症	116
你能一心几用？	118
我们去图书馆吧！	120
再检查一遍	122
我的错题本	124
睡觉前的小总结	126
我要一目十行	128
不懂就要问	130
问题太多了吗？	132
"怀疑"是个好习惯	134

第四章　让思想更开阔的好习惯

让思考变成习惯	138
如果我是他（她）	140
我有一个"白日梦"	142
放飞你的想象力	144
标准答案是唯一答案吗？	146
只有一种解答方法吗？	148
做出最好的选择	150
敢于打破常规	152
未来有无限可能！	154
伟大的精神力量	156

乐观者所向无敌	158
看到好的一面	160
"怪癖"也可以是优点	162
小小侦探	164
换一种思考方式	166
过程也很重要	168
大胆去尝试	170
培养逻辑思维能力	172
从被动到主动	174

人物介绍

罗小西：
一个普通的男生，有爱心，不大喜欢读书，身上有些坏习惯，但是他正在慢慢地改正。

林木木：
成绩好的学习委员，听老师和家长的话，呆呆的。

东东：

有点儿调皮的男生，爱运动，说话时大大咧咧，没有礼貌。

朵拉：

有礼貌，开朗爱笑的女生，有时候会有点儿骄傲。

秦老师：

有点儿古板，有点儿严肃。

第一章

让生活充满活力的好习惯

都是赖床惹的祸

快起床,再不起床太阳就要晒屁股了。

妈妈骗人,今天是阴天,根本就没有太阳……

"丁零零……"刺耳的闹钟声打破清晨的宁静,吵醒了正在做梦的罗小西。

可是,罗小西感觉眼皮沉重,脑袋昏沉,赖在柔软的床上不肯起来。他用被子捂住头:"再睡五分钟!五分钟后我保证起床。"

五分钟很快过去了,罗小西又说:"再睡一分钟,我一定起床!"

罗小西继续呼呼大睡。等他再次醒过来时,时间已经过去二十分钟了。

糟糕,睡过头了,上课要迟到了!罗小西吓得一个激灵,赶紧从床上爬起来,用最快的速度收拾完,向学校冲去。

等他到教室门口时,已经开始上课了。同学们都安静地坐在座位上,认真地听秦老师讲课。

"报告!"

大家的目光看向门口,顿时,教室里爆发出一阵哄笑声,连严肃的秦老师也忍俊不禁。

"你们快看罗小西的衣服!"

罗小西这才发现,自己的衣服系错了扣子,衣襟一边长一边短。

在大家的哄笑声中,罗小西低着头,满脸通红地走到座位上。唉,这次糗大了……都是赖床惹的祸。

赖床有哪些危害:

1.起床后头昏昏沉沉的,有可能一整天都没精神;

2.时间长了,记忆力和听力都会下降;

3.因为不愿起床而憋尿,损害身体健康;

4.可能会错过早餐时间,导致消化不良,还有可能导致便秘哟。

- 晚上按时睡觉。
- 养成早上做运动的好习惯,比如慢跑、仰卧起坐等。
- 十分钟原则。在睡醒后的十分钟里保持清醒,十分钟一过,赖床的欲望就会消失哟。
- 做几次深呼吸。
- 喝一杯温水。

牙痛真要命

东东有个坏习惯，就是不爱刷牙，每次都要在老妈的一再"勒令"下，才会磨磨蹭蹭拿起牙刷，随便刷几下。

这天，东东正在吃巧克力，突然感觉牙齿有点儿疼。

"一定是没有刷牙的原因。"东东心想，赶紧跑去刷牙，可是一点儿效果也没有，牙齿反而越来越疼。别说吃巧克力了，就连喝水都疼。

俗话说："牙疼不是病，疼起来真要命。"东东疼得死去活来，在地上直打滚儿。

妈妈见了，赶紧带着东东来到医院。医生检查后，严肃地说："你有三颗蛀牙，其中有一颗牙齿有一个大洞，必须得补牙。如果再严重一点儿，就要拔牙了。"

东东吓出一身冷汗，从此再也不敢不认真刷牙了。

怎样保护自己的牙齿

★ 早晚都要刷牙，吃完东西记得漱口。

★ 每隔两个月换一次牙刷，漱口杯也要定期清洗。

★ 晚上刷完牙后不要再吃任何东西。

★ 少吃甜食，如巧克力、糖果等；不要用牙齿咬坚硬的东西，比如核桃等。

★ 定期去医院检查或清洁牙齿，每半年或一年一次。

你会刷牙吗？

1. 用温水刷牙。
2. 刷牙的时间应该在3分钟以上。
3. 刷牙的正确方式是把牙刷倾斜45°角，上下刷，而不是左右刷。上牙从上往下刷，下牙从下往上刷。
4. 尽量选择软毛牙刷，硬毛牙刷容易损伤牙龈。
5. 最后不要忘了刷刷舌头哟！

早餐很重要

早读课上，大家都在大声地朗读课文。只有东东趴在桌上，脸色苍白，看上去非常难受。

林木木关心地问："东东，你怎么了？"

东东皱着眉说："我……我肚子疼……"

"啊？你是不是早上吃错了东西，把肚子给吃坏了？"

东东摇摇头说："我早上根本就没吃过东西。"

到底是怎么回事呢？林木木赶紧找来秦老师，两人一起把东东送到医务室。经医生诊断后才知道东东根本不是肚子疼，而是胃疼。

原来，东东为了早上能多睡一会儿，

连吃早餐的时间都没有留。东东好几个月不吃早餐，肠胃受不了了，终于在今天"造反"了。

长时间不吃早餐不仅会导致肥胖，还会对身体造成非常大的伤害。

1. 使身体更容易生病。
2. 影响肠胃，还容易便秘。
3. 反应迟钝，上课注意力不能集中。
4. 容易感到疲惫，精神不振。

早餐原则

早餐的时间不要太早，也不要太晚，最好控制在7～8点。

早餐前可以喝一杯温水。

注意营养搭配，可以是：馒头+鸡蛋+粥，或者包子+豆浆，或者三明治+牛奶等。

早餐要清淡，不要吃太过辛辣、油腻的食物。

养成吃早餐的好习惯，保证身体摄入充足的能量。不要让身体在饥肠辘辘中开始一天的学习。

运动后不能做的事

中午,罗小西和东东打完篮球后,就立刻冲进教室,到空调前面"降温"。

"好凉快呀!"一阵阵冷风吹在身上,舒服极了。

朵拉看到了,冲他俩喊:"你们快别吹了。我妈说出汗后不能立刻吹空调,不然很容易感冒的。"

罗小西不以为然地说:"女生的身体就是弱,吹个空调都能感冒。我们男生可不一样。"

朵拉不服气地说:"感冒才不会分男生女生呢!"

罗小西就是不听,一边吹,一边还故意做出一副"好凉快"的样子来。

下午上课时,罗小西突然感到头疼,鼻涕也滴滴答答地流下来。东东也出现了和罗小西相同的症状。

朵拉说的果然没错,他俩都感冒了。罗小西后悔莫及,早知道就该听朵拉的话了。

运动出汗后,身体的毛孔张开,如果突然吹空调,毛孔收缩,人体受到寒冷的刺激,会很容易感冒。正确的做法应该是先用干毛巾把汗擦干,换上干净衣服,再打开空调。

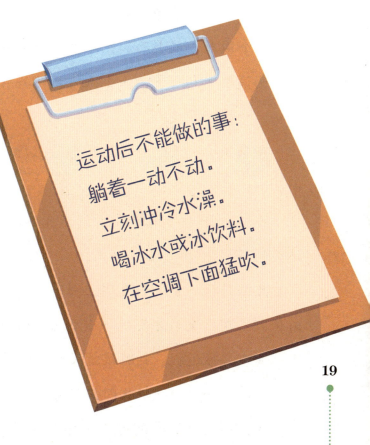

运动后不能做的事:
躺着一动不动。
立刻冲冷水澡。
喝冰水或冰饮料。
在空调下面猛吹。

你是"低头族"吗?

妈妈给罗小西买了一部手机。自从有了手机,罗小西就成了典型的"低头族"。

每天放学回到家,罗小西扔下书包,第一件事就是玩手机游戏,睡觉时都舍不得放下。

这个周末,罗小西和东东他们一起去打篮球。打了一会儿,罗小西说要休息一下,一个人走到球场旁边的凳子上坐下,掏出手机,开始玩游戏。

东东等了半天,还不见罗小西上场,忍不住跑过来问:"罗小西,你在干吗呢?"

不过,罗小西压根没听到东东在说什么,因为他正玩得入迷呢!

几个月后,罗小西发现上课时看不清黑板上的字了。妈妈带着他到医院检查,才发现罗小西患了假性近视,再发展下去,很可能变成真性近视,到时候就必须要戴眼镜了。

之后,妈妈把手机收回去,再也不许罗小西玩手机了。

我们身边,像罗小西这样的"低头族"还真不少呢。手机给我们带来便利的同时,对我们的健康也产生了巨大的威胁。长时间低头玩手机,不仅影响视力,还容易造成驼背。而且试想一下，如果聚会的时候，人人总是一部手机，各玩各的，和朋友间的交谈就会越来越少，关系也会越来越淡。所以，不要一直盯着手机瞧啦，也劝劝身边的人，不要再做"低头族"啦！

拒绝这样用手机

·一边走路一边玩手机

·关了灯，窝在被子里玩手机

·一边吃饭一边玩手机

·看手机时，眼睛离屏幕太近

男生也要穿着得体

这天早上，罗小西走进教室，只见他敞怀穿着校服，衣领垂到了手臂上，里面的衬衣一边扎在裤子里，一边露在外面。

再看看他的裤子，还有一只裤脚卷了起来。

班上的女生看到他，都皱起了眉头。朵拉嫌弃地说："罗小西，你就不能把自己收拾得整齐一点儿吗？"

只有女孩子才会打扮自己。男生才不会在乎这些呢！

邋里邋遢，还自认为很帅，真幼稚。

而罗小西却一点儿也不在意,大摇大摆地回到自己的座位上。

随着年龄的增长,女孩子渐渐地学会打扮自己,穿得漂亮又整齐。而男生在穿着方面却满不在乎,甚至认为,邋里邋遢才叫男子气概。实际上,邋遢不但不能代表男子气概,反而会被人厌恶和嫌弃,只有那些穿戴整齐的男生才会受到大家的欢迎。

男生的着装习惯

- 衣服的拉链要拉到胸口以上,衬衣的扣子全部扣好,或留最上面的一颗不扣。
- 不要打扮得太过夸张。对学生来说不应穿着过于时髦和怪异的服装。
- 男生的着装要简洁。如果一个男生穿着花袜子,一定会引来大家的笑话。
- 穿适合自己的衣服,太肥、太长、太短、太紧的都不要穿。

"帅气"的发型

罗小西的表哥高中还没毕业,就辍学去打工了。这天,表哥来罗小西家里做客。罗小西见到表哥时,眼珠子都快瞪出来了,几年没见,这……这还是他表哥吗?

只见表哥顶着一头蓬松的黄发,发梢参差不齐,长长的刘海儿压在额头上,挡住了一只眼睛……

见罗小西盯着他看,表哥得意扬扬地说:"怎么样,表哥的新发型酷吗?这可是时下最流行的发型。"

罗小西心里暗暗嘀咕:"可我怎么觉得像刺猬呢?"

表哥拍了拍他的肩膀,说:"走,表哥也带你去做个发型……"

罗小西的头摇成了拨浪鼓,赶紧说:"别别别,我要是弄成这样去学校,还不被校长吃了!"

不管表哥的发型是不是真酷,都不适合罗小西。作为学生,还是剪一个干净利落的发型,才会显得更有朝气和精神!

让罗小西难以接受的四种发型

头发很长,盖住了耳朵和眼睛。

将头发烫成一个爆炸式。

将头发染成五颜六色。

几天不打理,乱糟糟的像鸡窝一样。

讲卫生不是女孩的专利

你是一个讲卫生的男生吗？做一个测试就知道了。

1. 饭前便后经常不洗手。

2. 经常咬指甲、咬笔头。

3. 从不定期修剪指甲、理头发。

4. 经常不自觉地用手挖耳朵和鼻孔。

5. 不爱洗头、洗澡，不勤换衣服。

6. 很少打扫自己的房间。

7. 衣柜里的衣服乱七八糟。

8. 出门从不带卫生纸或手帕。

9. 喜欢在床上吃零食。

10. 吃水果时，随便冲一冲就吃。

举手之劳

"哐当"一声,罗小西不小心打碎了一个玻璃杯。他赶紧拿来扫把,将玻璃碴扫成一堆,准备倒进垃圾桶。一旁的妈妈却制止了他。

只见妈妈找来一个结实的购物袋,将玻璃碴装进去,用胶带裹严实了,还在封口处贴了一张纸条,上面写着:碎玻璃,小心伤手。

罗小西不解地问:"老妈,倒个垃圾而已,干吗搞这么麻烦？"

妈妈说："如果你把玻璃碴直接倒进垃圾桶，那环卫工人清理垃圾桶时，就可能被玻璃碎片割伤。可如果将玻璃碴密封好，就不会出现这种情况了。"

罗小西若有所思地点点头。在生活中，环卫工人的身影无处不在。为了城市的整洁和卫生，无论是烈日炎炎，还是刮风下雨，他们都在辛苦劳动着。如果我们一个举手之劳的行为就能帮到他们，又何乐而不为呢？

生活中，这些"举手之劳"你能做到吗？

- 扔垃圾要区分可回收的垃圾和不可回收的垃圾。
- 吃完的口香糖，用纸包起来后再扔进垃圾桶。
- 碎玻璃、大头针、刀片等锋利的物品，用胶带缠裹之后再扔掉。
- 离开超市时，将购物车或购物篮放回指定的地方。

提前几分钟

罗小西总是踩着上课铃声进教室，还美其名曰"准时大王"。

可是，"踩点"真的是准时吗？

瞧瞧，已经上课几分钟了，罗小西还在手忙脚乱地找课本和笔记本。

再瞧瞧他的同桌林木木，每次至少提前3分钟到教室。在这3分钟里，林木木可以做很多事情。比如将课本翻到老师要讲的地方，准备好圆规、三角尺等文具……

有了这3分钟，林木木从来没有发生过罗小西这种手忙脚乱的情况。

除了上课之外，如果和朋友约会，提前几分钟到，代表了你对约会的重视,让人觉得你是一个有礼貌的绅士。

如果参加比赛,提前几分钟到,你就有时间抚平衣服上的褶皱,准备好微笑,并多做几次深呼吸,充分调节自己的情绪。

所以,可不要小瞧这提前的几分钟,它可能会改变你的生活哟!

提前到的优势

● 有充足的时间准备,不会让自己手忙脚乱。
● 在约会中给人留下好印象。
● 养成惜时、守信的好品质。
● 提高做事的积极性。
● 将自己调整到最佳状态。
● 心态会变得乐观、向上、自信。

时间原则:

提前5分钟才最完美。准时就是不迟到。迟到则万万不可。

我的备忘录

罗小西的备忘录

1　语文：写一篇关于季节的作文。
　　数学：做完课后习题。英语：新单词抄10遍

2　回家帮妈妈收拾衣服

3　周末的下午两点和东东约好去公园，不要迟到了

4　每天给花浇水

罗小西的记性很差，总是忘东忘西。比如忘记写作业啦，忘记自己的QQ密码啦，忘记和朋友约好的打球时间啦……给自己和别人都带来了很多麻烦。

后来，罗小西想了一个好办法，就是把要做的事情都记在便笺上，然后贴在显眼的地方。每当罗小西丢三落四的毛病犯了，便笺就会发出信号，提醒罗小西别忘记该做的事。这样一来，事情再多罗小西也不会忘记了。

每做完一件事情，罗小西就在后面打一个小钩钩。看到这些鲜红的小钩，罗小西心里充满了自豪感。

俗话说："好记性不如烂笔头。"坚持做备忘，你会发现生活目标变得更清晰明朗了，就连妈妈的唠叨都少了呢！

备忘录七大元素：5W2H

5W：when（什么时间）、where（什么地点）、what（什么事）、who（什么人）、why（为什么）

2H：how（怎么做）、how many（有多少事情要做）

坚持写备忘录的同时，也要付诸行动。如果总想着"待会儿做""玩一会儿再做"，那么这件事就变成压力和负担。无论做什么事，都要认真完成，绝不拖拉。

出门前的检查

出门之前，罗妈妈千叮咛万嘱咐，让罗小西检查一下书包，看看有没有落下什么东西。

可是，罗小西不耐烦地说："老妈，你就放心吧，我都带齐了。"

到了校门口，值周生检查同学们有没有佩戴红领巾。罗小西一摸脖子，这才发现自己把红领巾落家里了。

糟糕！如果现在回家取肯定来不及了，可是如果被抓住，后果会很惨，该怎么办呢……

正当罗小西犹豫时，值周生的"火眼金睛"发现了罗小西。

"那位同学，你是哪个班的？叫什么名字？"

"我叫罗小西……"

值周生瞪着眼问："你为什么不戴红领巾？"

"这……我忘了……"罗小西支支吾吾,说不出话来。

而值周生早已毫不留情地在扣分表上记下了罗小西的名字。

每天出门前,花几分钟翻一翻书包,检查自己有没有忘带什么东西。这个良好的小习惯并不会浪费我们的时间,反而能给我们省去很多的麻烦,对我们的生活和学习有很大的帮助呢!

小笑话

出门前的检查

用过的东西

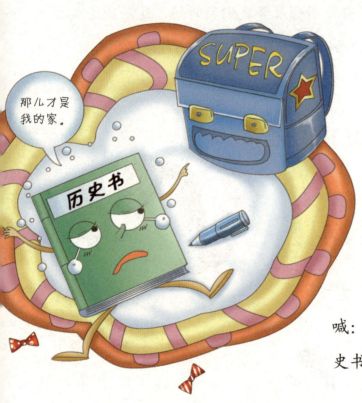

那儿才是我的家。

吃完晚饭，罗小西准备做家庭作业，却发现历史书不见了。书包里、书架上，甚至床底下……房间里都被罗小西找了个遍，也没找到。

奇怪，难道它还能长腿跑了？罗小西大喊："老妈，你看到我的历史书了吗？"

妈妈走进房间，手里拿着的正是他的历史书。

原来，吃晚饭之前，罗小西从书包里拿出历史书看了一会儿，看完后就随手扔在沙发上了。

·自己用过的东西不放回原处，不仅会浪费很多时间去找，还会使生活变得杂乱无章。

"朵拉，借一下你的直尺，待会儿还你。"

但是，罗小西用完直尺，并没有把它放回朵拉的文具盒，而是随手夹在了一本书里。

过了一会儿，朵拉要用到直尺了，问："罗小西，我的直尺呢？"

罗小西挠挠头，怎么也想不起来把直尺放在哪儿了。俩人找了大半天，满头大汗，总算在数学书里找到了。

哎，像罗小西这种马虎性格的男孩，谁还愿意借东西给他呢？

· 用过别人的东西要放回原处，这是基本的礼貌，否则，就会影响他人对自己的信任。

罗小西和妈妈每次去超市购物，买完东西结了账后，妈妈都会把购物车推到指定的地方。看到别人随手把购物车推到一边，罗小西觉得妈妈的行为有点儿奇怪。

有一次，罗小西忍不住把自己的想法告诉了妈妈。

妈妈说："把购物车放回原处，只是举手之劳，并不会浪费我们多少时间和力气。但如果随便乱放，不仅会妨碍别人通行，还会给工作人员带来额外的负担。"

· 公共场所的东西不放回原处，会给他人带来很多不便。

整理房间的乐趣

今天是周末,东东妈妈交给东东一个重要的任务——整理自己的房间,整理完后才能玩。

东东说:"不就是整理房间吗,那还不简单?"

可是,东东走进房间仔细一瞧,却犯难了。

被子被揉成一团堆在床上;玩具丢得到处都是;书本没有乖乖地待在书架上,桌上有几本,床上有几本,地上有几本;衣服没有整齐地挂在衣柜里,椅子上有一堆,床上有一堆。

原来自己的房间这么乱呀!以前怎么没发现呢?东东头都大了,完全不知道该从哪里开始收拾。

其实,乱糟糟的房间就像一只纸老虎,表面上看来很难对付,但只要掌握了小窍门,轻轻松松就能整理好,而且还能从中找到不少乐趣呢。

请按照以下步骤整理房间：

1. 将东西分类整理。比如把书本分类摆在书架上，常用的书摆在最显眼的一排。将衣服、裤子等分开叠好，放到衣柜里。可以在桌子上摆一两件玩具，剩下的都收到柜子里。

2. 将一些零碎的东西放到抽屉里。

3. 将被子叠好。如果不会叠，可以向妈妈请教。

4. 整理完后，把房间打扫一遍。

5. 维持房间的干净整洁，东西用完放回原处，就不用每天都花时间整理打扫了。

6. 养成定期整理房间的习惯，不要等到自己都看不下去了才收拾。

　　怎么样，看着自己亲手整理好的房间，心中是不是有满满的成就感和自豪感呢？

管好自己的零花钱

很多人都和罗小西有着一样的烦恼。比如花钱没有节制，看到喜欢的就要买下来；从来没存过钱，有多少就花多少；明明感觉没买什么东西，零花钱却没有了……其实，这些都是花钱没有计划的"症状"。花钱容易，但是想要聪明地花钱，可就难啦！

请这样使用零花钱

○ 买东西前先做好计划。买这个东西大概会花多少钱，那个东西太贵了，不能马上买……在花钱之前做好预算，就不会出现手头紧的情况了。

○ 把用过的每一笔钱，无论多少都记在本子上。每隔一段时间结算一次，这样就不用担心零花钱"来无影，去无踪"了。

○ 不乱花钱。如果看上一样东西，却发现根本没什么用处，那就不要买；如果已经有类似的东西了，最好也不要买。

○ 没花完的零花钱，不要急着花掉。把钱存起来，以后会有更大的用处。

我们的零花钱都是父母辛苦挣来的。所以无论父母给我们多少零花钱，我们都应该怀着感恩的心，绝不能为了多要点儿零花钱而跟父母发脾气。

上网的好习惯

"嗒嗒嗒……"

一双手在键盘上灵活地敲击着。罗小西坐在电脑前，目不转睛地盯着屏幕，蓝光幽幽地照在他的脸上。

罗小西正在玩游戏，他保持着这个姿势已经有一个多小时了。

"罗小西，你超过时间了。"妈妈生气地走进房间。

"老妈，让我再玩一会儿吧！"罗小西可怜巴巴地说。

"你忘记我们的约定了吗？"

罗小西听到妈妈这句话，立刻乖乖地关上电脑。

原来，为了帮助罗小西养成良好的上网习惯，避免他沉迷于网络，妈妈和罗小西"约法三章"。如果罗小西违反了约定，就一个月不能碰电脑。

罗小西和妈妈的"约法三章"

★ 每天上网时间不许超过一个小时。

★ 上网时姿势要端正,眼睛不要离屏幕太近。

★ 上完网后到阳台上远眺,活动身体,养成定时休息双眼的好习惯。

★ 不轻易和网友见面。

★ 不在网上透露个人和家庭信息。

★ 不许浏览不健康的网站,看不健康的视频等。

这些上网的好习惯,你做到了吗?

网络是一把双刃剑。我们能通过网络,开阔自己的视野,学习新的知识。但同时,网络也存在着很多隐患,稍不注意就会沉迷,危害身心健康。因此,我们一定要养成良好的上网习惯,安全上网,健康上网。

对爸爸妈妈说

罗小西考试发挥失常，只考了59分，他不敢把这件事告诉爸爸妈妈，因为他们对他的要求一直很严格。如果知道他学习退步了，他们一定会把他臭骂一顿。

罗小西的想象：

妈妈："什么？只考了这么一点儿分数？"

爸爸："你怎么就没有继承我的高智商呢？"

经过一番激烈的思想斗争，罗小西还是向爸妈坦白了。令他感到意外的是，他想象中的"暴风雨"并没有降临，父母的反应有点儿出乎罗小西的意料……

妈妈："不要紧，一次失败不能证明什么！"

爸爸："儿子，我相信你，下次一定能赢回来。"

罗小西顿时豁然开朗。和爸爸妈妈沟通之后才发现，原来，他们并没有他想象中的那么"可怕"。

要知道，沟通是人与人之间相处的桥梁。只有多一点儿沟通，才能真正了解彼此，才能相处得更和谐、更亲密。经常和爸爸妈妈聊聊天，把自己的心事和想法告诉他们，让他们知道你的需要，同时，你也能体会到爸爸妈妈的良苦用心。

你有什么话想对爸爸妈妈说呢?也和他们一样,坦诚地写下来吧。

运动,男孩的标签

看到了这四组对比图,大家一定很奇怪,同样是男生,林木木和东东为什么有这么大的区别呢?

原因很简单。林木木是出了名的"体育困难户",能坐着绝不站着,能坐车绝不走路。虽然他学习成绩好,但每个学期的体育考试却成了他最发愁的事情。东东就不同,他是学校里公认的"体育全能王",打篮球、踢足球、跑步、游泳……没有一样能难倒他。

俗话说:"生命在于运动。"长期不运动,就会变得娇弱。而每天坚持运动,就会跟东东一样强壮有力,还会更加快乐和自信。

听听他们是怎么运动的

朵拉:我每天步行回家。走走路会让我的大脑更清醒,身体更健康,真是一举两得。

罗小西:每天吃完晚饭两个小时后,我都会去小区的花园跑步。一圈、两圈、三圈……每天增加一点儿运动量,现在我已经可以一口气跑五圈啦。

东东:我积极参加学校的各项体育活动,从不缺席体育课,放学后和同学们一起打球……周末,我还会去爬山、游泳……我认为,男孩就应该动起来,这样才像一个真正的男子汉。

少说话，多做事

秦老师宣布明天要考试。东东一听，夸张地大喊："天哪，又考？已经是这周第几次考试了呀，我都快被'烤糊'了！"

一旁的林木木却一言不发，默默地打开了书本。

东东抱怨了半天，见林木木毫无反应，忍不住问："难道你就没有不满吗？"

"那你觉得秦老师会因为我们的不满取消考试吗？"林木木反问东东。

东东摇摇头。

林木木说："既然抱怨不能让考试取消，那抱怨又有什么用呢？还不如省点儿力气，专心复习，争取能考出好成绩。"

是啊，抱怨又有什么用呢？除了浪费时间，还会让我们的心情变得更糟糕。少一点儿抱怨，踏踏实实地做事。当我们取得成功时就会发现，我们所抱怨的那些事情，其实并没有什么大不了！

什么话要少说：

☆ 抱怨、发牢骚的话。

☆ 吹嘘自己的话。

☆ 轻易许诺、夸海口的话。

☆ 谣言、八卦。

什么事要多做？

1. 让你望而却步的事。比如上课举手发言，用英语和别人对话等。

2. 充满挑战的事情。比如学习滑冰，参加演讲比赛等。

3. 你觉得很无聊，但是很重要的事。比如反复地记单词、背课文，做大量的习题等。

第二章

让个人更具魅力的好习惯

喂，那个谁！

美术课上，东东找不到自己的铅笔了。他抬头正巧看到斜前排的同学有两支铅笔，可他一时又想不起来那位同学叫什么名字，就拍了拍那位同学的肩膀，说："喂，那个谁，借一下你的铅笔！"

那个谁？听到东东的话，那位同学立刻皱起眉头，心想：哼，连我的名字都没记住，为什么要把铅笔借给你！于是他冷淡地说："不行，我自己要用！"

东东不满地"哼"了一声:"不借就不借,真小气!"

哎,其实并不是那位同学小气,而是东东太没礼貌了!相信无论是谁,听到别人叫自己"喂,那个谁",都不会感到开心吧!如果东东能记住同学的名字,说话时客气一点儿,相信那位同学一定会大方地将铅笔借给他!

与人交流,第一步就是要记住别人的名字。即使是不知道名字的陌生人,也不要直接用"喂,那个谁"来称呼对方。

● **相信这些用语会比"喂,那个谁"更有亲和力哟!**

★ "××同学,能借一下你的铅笔吗?"

★ "这位叔叔,麻烦您让一下!"

★ "同学,你的东西掉了。"

★ "阿姨,请您先排队!"

★ "姐姐,请问一下,你知道南郊公园在哪儿吗?"

礼貌用语别忘用

体育课后,罗小西和东东一起去小卖部买饮料。罗小西想喝的苹果汁放在冰箱的最上层。他用力踮起脚尖,发现够不着;又往上蹦了蹦,还是够不着。

小卖部的阿姨看到后,赶紧帮他拿了下来。

罗小西笑嘻嘻地对阿姨说:"谢谢阿姨,辛苦您啦!"

一旁的东东听了,不解地问:"这是她们应该做的,有什么好谢的呀?"

罗小西说:"虽然这是她们应该做的,可说一声谢谢也是我应该做的呀。"

第二天,东东和罗小西打完篮球,又满身大汗地来到小卖部。

"阿姨,给我

们来两瓶冰水！"东东叫道。

阿姨一眼就认出了他们，关心地说："刚出了汗可不能马上喝冰水呀，容易肚子痛……"

阿姨的热情让东东有点儿不适应。他没想到，一句"谢谢"竟然能带来这么大的改变。

没错，说声"谢谢"是很简单的事，但却能在炎热的夏天给人带来清凉和愉悦。

一句礼貌语、一个微笑，都代表着文明，折射出素质，体现着尊重，传递着温暖。

除了谢谢，还有这些礼貌用语

"辛苦了。"

"麻烦了。"

"不好意思，打扰一下。"

"请慢走，欢迎下次再来。"

"不用谢，能帮到你我也很开心。"

……

我生气了

一天,朵拉和罗小西因为一件小事吵了起来。罗小西气愤极了,冲着朵拉大叫:"你这个笨蛋,简直蠢死了!"

教室里的同学听了,都看向这边。朵拉满脸通红,大哭着跑出教室。

然而怒火得到发泄的罗小西,却一点儿也没有感觉到轻松。他愣在原地,后悔极了。

人在生气的时候,情绪激动,很容易失去理智,说出一些难听的话,做出一些可怕的事,给别人和自己都造成很大的伤害。所以,生气时一定要学会克制自己的情绪,寻找合适的宣泄方法。

可以根据自己的性格,选择合适的宣泄方法。

·气息调整法

生气时多做几次深呼吸,让内心平静下来。

呼吸……心静……不生气……

·合理分析法

仔细分析一下自己生气的原因，想想如何解决问题，让激动的情绪随着时间慢慢恢复平静。

这件事好像我也有不对的地方。

·转移发泄法

把怒火转移到其他地方。比如在空旷的地方大喊，摔枕头发泄（可不要摔杯子、手机这些易坏的东西）。

·环境转换法

暂时远离令你生气的人和事，出去走一走，听听音乐，跑跑步，吹吹风。

不文明的游客

国庆节到了,罗小西跟着爸爸妈妈一起去云南旅游。可是,到了景区,罗小西原本愉快的心情一下子沉到了谷底。国庆节出游的人实在太多了,密密麻麻到处都是人!更让人气愤的是,有些游客还很不文明。

看到这些,谁还有心情看风景呀,罗小西一家只好草草地结束了这次旅行。罗小西心想:如果大家都能养成文明出游的好习惯,爱护环境、遵守秩序,那么看风景的心情是不是会更好呢?

文明旅游 从我做起

教室里的文明

"呵，一个三分球。"

教室里传来一个不和谐的声音。奇怪，是谁在教室里打篮球呢？

只见东东站在椅子上，把废纸团当成篮球，把垃圾桶当作篮筐，抬手，用力！"嗖"的一声，纸团准确无误地飞进了垃圾桶。

"呵！又一个三分球！"东东高兴地大叫。

可是，值日生朵拉却不高兴了："东东，你看看你干的好事！"

只见垃圾桶的周围，落满了东东扔的纸团，一片狼藉。

东东这才意识到自己犯错了，不好意思地挠挠头，笑着说："我马上打扫。嘿嘿。"

其实，除了这件事，三班教室里的不文明现象还挺多。

· 吃早餐   · 课桌文化

· 不关水龙头　　　　　　　· 在黑板上乱画

看到同学的这些不文明行为时，我们应该立刻制止。同时，我们还要反省自己，是不是也有过这样的行为。教室是一个大家庭，需要所有人共同努力来爱护它。

教室里的文明习惯

· 节约用水，随手关灯。
· 最后一个离开教室时，要负责关紧门窗。
· 拒绝"课桌文化"，不在课桌上乱刻乱画。
· 不在教室里追跑打闹。
· 不要往窗外扔垃圾。
· 不在墙上踩脚印。

餐桌上的好习惯

罗小西吃饭有个坏习惯，就是喜欢边吃边看电视。你瞧他，手里端着碗，眼睛却一动不动地盯着电视屏幕，连碗里的饭菜凉了都不知道。

妈妈有点儿生气地说："罗小西，吃完饭才能看电视。"

罗小西听了，这才狼吞虎咽地吃了几口。

罗小西的这个习惯可不好，不但影响肠胃健康，还显得非常没有礼貌。在中国古代，人们就已经把用餐时的行为举止列入礼仪当中了。比如《论语》中就说到"食不言，寝不语"，意思是吃饭和睡觉的时候，都不要说话。

请记住这些用餐的好习惯

- 吃饭之前要洗手。
- 嘴里有食物时不要说话。
- 夹菜时不要在盘子里翻来翻去。夹出来的菜不要再放回盘子里。
- 喝汤时不要发出"咕噜咕噜"的声音，也不要发出打嗝的声音和餐具的碰撞声。
- 吃多少盛多少，尽量不要剩饭。
- 不要当众剔牙或打喷嚏。
- 吃饭时不要到处走动。
- 吃完后记得说一句"我吃饱了，大家请慢吃"。

一粥一饭，来之不易

在餐厅吃饭时,将吃不完的饭菜打包,真的是一件丢人的事吗?罗小西可并不这样认为,他反而为自己"打包"的习惯感到骄傲呢!

生活中浪费粮食的现象随处可见,食堂、餐厅、家里……虽然有很多宣传节约粮食的标语,例如"一粒粮食一滴汗""谁知盘中餐,粒粒皆辛苦""珍惜粮食,远离浪费"……可是,很多人好像根本没看到一样,将剩饭、剩菜一盘盘倒进垃圾桶里。不一会儿,垃圾桶就堆成了一座"山"。

一粒粮食,要经过农民几个月的辛苦劳作,才能成为食物端上我们的餐桌。如果我们随手将它倒进垃圾桶里,浪费的不仅仅是一粒粮食,还有农民辛勤的汗水和付出。

试想一下,如果我们连节约粮食这件小事都做不好,又怎么能更好地约束自己,让自己成为一个优秀的人呢?

关于节俭的名言

♥ 节俭本身就是一宗财产。——英国谚语

♥ 节省下来多少,就是得到多少。——丹麦谚语

♥ 节俭是天然的财富,奢侈是人为的贫困。——希腊谚语

♥ 一粥一饭,当思来之不易;半丝半缕,恒念物力维艰。——摘自《朱子家训》

噪声制造者

"哈哈！哈哈！"一阵刺耳的笑声打破了图书馆的安静。

大家皱着眉头，循声望去。只见东东抱着一本笑话书，笑得喘不过气来。

面对大家纷纷投来的责备眼神，东东却一点儿都不自知，还拉着身边的罗小西一起看。

"哈哈，罗小西，你快看，这一段太逗了。"东东大声说。

一个值周生走过来，低声打断了罗小西的笑声："这位同学，请不要打扰其他的同学。这里是图书馆，请保持安静。"

东东尴尬地环视四周，这才意识到自己已经严重影响到了别人。

公共场合需要注意的事项

- 在书店、电影院或图书馆等地方时，请把手机关机或调成静音。如果有重要的电话打进来，一定要小声接听，或走到人少的地方接听。
- 不要在公共场合嬉戏打闹。
- 不要当众做一些不妥当的事，比如挖鼻孔、抠脚趾，等等。
- 注意自己的仪态，站有站相，坐有坐姿，不要把腿跷起来。

做阳光男孩

林木木无论做什么事，都喜欢皱着眉头。思考问题时，他会皱着眉头；背课文时，他会皱着眉头；讨论学习时，他还是会皱着眉头……

爱皱眉头的林木木身边仿佛围绕着一股"低气压"，大家都不愿意靠近他。

而林木木根本没有注意到自己有这个小动作。直到一天有人跟他说："嘿，林木木，你怎么老是皱着眉头呢？你有很多烦心事吗？"

林木木这才意识到，自己皱眉头的坏习惯给别人带来了困扰。

经常皱眉头，不仅会影响自己的情绪，还会让别人觉得你是一个很难接近的人。那么，应该怎么改掉这个坏习惯呢？

这个人真难看！

甩掉"低气压",做一个阳光男孩

1.每天都要保持微笑。多笑一笑,"低气压"就会被赶跑。

2.不要总是一个人独来独往,主动加入到朋友们的聊天活动中去,或者主动跟别人打招呼!

3.多看一看笑话书,或脱口秀节目,增加幽默感。

4.使用正确的方式缓解压力和紧张情绪。比如心情不好时,向朋友倾诉,或通过运动减压等。

怀着一颗善良的心

公交车上，罗小西正靠在椅背上睡觉，等他睁开眼时，发现一位老奶奶正扶着腰，站在他的身边。罗小西赶紧站起来，把座位让给那位老奶奶，并礼貌地说："奶奶，您坐我这儿吧。"

没想到，老奶奶坐下后，不仅一句谢谢都没说，反而生气地说："现在的小孩儿真不懂事，害我站了这么久。"

罗小西觉得委屈极了，为什么自己好心让座，却还要被人指责呢？

回到家，罗小西把这件事告诉了爸爸。爸爸想了想，问罗小西："那下次遇到这样的事情，你还会让座吗？"

罗小西立刻点点头："当然会了！"

爸爸说："这就对了。有时候，善良也会遭遇到误会或欺骗，但是善良不会因此而消失。要知道，世界上还有更多人需要你的善良和帮助，千万不要放弃自己的坚持。"

每个人都有一时的同情心，可是想要永远保持怀有一颗善良的心却很难做到。拾金不昧、为人指路、搀扶老人……无论何时何地，都要怀有一颗善良之心，做对他人有益的事。

一个善良的人应该知道的

- 要具有一定的识别能力。比如，我们常常在街上看到一些乞讨的人，其中很多是职业乞丐，专门骗取别人同情的。对这样的人，我们一定要擦亮双眼，不要上当受骗。
- 精神上的支持和安慰的话语也能带给人温暖。比如，给朋友送上一句安慰或鼓励的话，给陌生人一个温暖的微笑！
- 帮助小动物也是在做善事。比如，吃剩的饭菜别丢掉，拿到公园里喂给流浪猫狗。
- 善良是不分大小的，可以从身边的小事做起。比如，扶老奶奶过马路，看到别人的东西掉在地上就帮忙捡起来，等等。

捡到东西后

罗小西在一家名叫"好学文具店"的门口捡到一支漂亮、崭新的铅笔。

"我正好缺一支铅笔呢!反正也不知道是谁的,谁捡到就归谁。"罗小西小声嘀咕。

第二天,罗小西带着这只崭新的铅笔来到学校。林木木看到后,惊讶地说:"呀!你这支铅笔和我的一模一样呢!你也是在'好学文具店'买的吗?"

没等罗小西说话,林木木又失落地说:"可是,我昨天刚买没多久,就不小心弄丢了。我沿路找了很久也没找到,唉……"

罗小西听了林木木的话,又看了看手里的铅笔,又羞又愧,顿时涨红了脸。他赶紧把铅笔塞进林木木的手里,说:"木木,其……其实……这支铅笔是我昨天捡来的,说不定就是你丢的呢。我现在还给你!"

林木木摆摆手，说："那怎么行，我不能收！你捡来的也不代表就是我丢的啊！"

"那该怎么办呀？"罗小西拿着铅笔，就像拿着一个烫手的山芋！

林木木说："既然这支铅笔不是你的，也不一定是我的，那就把它交给班主任吧！"

罗小西点了点头，心里总算松了一口气。

当你捡到别人的东西后，千万不要放进自己的口袋，一定要还给失主，或交给老师。不是自己的财物，就算占有了，心里也会过意不去的，不是吗？

何岳还金

有一个叫何岳的穷秀才，一天走夜路时，捡到二百两银子。可他却不敢告诉家人，因为怕家人会劝他留下这笔钱。

第二天早上，他带着银子，来到捡钱的地方，看到一个人正在找东西，于是主动上前询问。那人说他丢了钱，数目、标记都跟何岳捡到的相符。何岳就将银子还给了他。那人想分一部分银子作为报酬给何岳，何岳却果断拒绝了，说："我捡到钱的时候，并没有人知道，我都没有私自占有，如今又怎么会贪图这些钱呢？"

对小动物多一点儿爱心

罗小西背着书包,经过公园时,突然听到一声惨叫。

罗小西顺着声音传来的方向,走过去一看,发现几个高年级的学生围成一圈,正在踢打一只流浪狗。发出惨叫的,正是那只趴在地上瑟瑟发抖的流浪狗。

罗小西大声喊道:"你们在干什么?太过分了!快停下来,不然我就去学校告诉你们班主任!"

"闪开!要你多管闲事!"那几人嘴上这么说,但还是停住了脚,背着书包,大摇大摆地走了。

……

相信很多人都在路上遇到过流浪猫、流浪狗。当你看到有人欺负它们时,你也会像罗小西一样上前制止吗?

也许我们没有能力去收养这些可怜的动物,但是,我们也可以尽自己的力量,去给它们一点点帮助!

💕 **做一个有爱心的男生,相信世界也会因你的爱心,多一点儿温暖哟!**

——当碰到饥饿的流浪猫、流浪狗时,给它们一点儿剩菜剩饭吧。

——可以向爸妈或老师求助,联系流浪动物救助站的工作人员。

——在动物园看到有人向猴子、老虎等动物扔东西时,要及时联系动物管理员。

——在帮助动物的同时,也要注意自己的安全!

不要喝倒彩

体育课上，三班和五班正在进行一场篮球比赛。两个班实力相当，得分不相上下，比赛进行得非常激烈。

台下的同学们也都情绪高涨，欢呼声一浪高过一浪。

看，三班进了一个球，现场响起了一片欢呼声。接着，五班又进了一个球，这下三班的同学不吭声了，一个个垂头丧气的。

就在这时，五班的一个球员在传球过程中摔了一跤，三班同学一

看，像打了鸡血一样，起哄道：

"摔得好！"

"哇！太棒了！"

作为观众的林木木感到很尴尬，因为这种"喝倒彩"的行为，不仅是对对方的不尊重，也显得自己班很没素质。作为三班的一分子，林木木当然也希望三班能赢。可是，他更希望大家能文明地观看比赛，文明地喝彩。

● **文明地喝彩**

1.不要在对方出现失误时拍手叫好。学会换位思考，试想一下，如果别人对你喝倒彩，你是什么感受呢？

2.当对方出彩或取得胜利时，礼貌地为他们鼓掌，这会显示出你的大度和修养。

3.如果对方犯规了，我们可以找裁判协商解决，千万不能通过大喊大叫来表达不满。

按顺序，别插队！

午饭时间到了，食堂里排起了长长的队伍。

"让一下，让一下啊！"罗小西猫着腰，在队伍里穿来穿去，总算找到排在前面的朵拉，笑嘻嘻地说，"朵拉，你让我插个队呗？"

"这……"朵拉为难地看了看其他人，发现大家都用鄙视的眼神盯着他们俩，"罗小西，这样不好吧。"

"要不我不插队，你帮我打一份……"

罗小西的话还没说完，就被一只手从后面抓住了衣领。罗小西回头一看，哇，惨了！是班主任秦老师！

秦老师让罗小西站到最后，然后严肃地说："罗小西，要是人人都像你这样乱插队，那后面的人还要不要吃饭了？"

罗小西听了，羞得满脸通红，恨不得挖个地洞钻进去。呜呜呜，太丢脸了！

排队时应该注意的事项

排队时，要与前后的人保持适当的距离，不要紧紧地挤在一起。

不要轻易离开队伍。如果实在有事要离开一会儿，先和前后的人打好招呼，避免造成误会。

如果有人要求插队，请礼貌地拒绝他。

对爷爷奶奶多一点儿耐心

周末，罗小西跟着妈妈去乡下看望爷爷奶奶。爷爷奶奶见到罗小西，喜欢得不得了，拉着他问长问短。刚开始，罗小西还算有耐心，可是过了一会儿，他就不耐烦了。和爷爷奶奶说话可真费劲呀！

"看电视时，爷爷总是问我一些奇怪的问题。"

"奶奶听不懂我的玩笑。"

"我一句话要大声说三遍，爷爷才能听见。"

"爷爷不懂电脑和手机……"

你和爷爷奶奶说话时，是不是也和罗小西一样，经常感到郁闷和不耐烦呢？

爷爷奶奶曾经也和我们一样年轻，一样充满朝气。但是，他们最终难敌岁月的流逝，变成了满脸皱纹的老人。耳朵变得不好使，腿脚也不灵便。行动迟缓，爱唠叨了。

我们可能会觉得和他们难以沟通。可是，爷爷奶奶需要的并不多，他们只是想要儿孙能多陪他们说说话，就已经很满足了。所以，对爷爷奶奶多一点儿耐心吧，让他们在所剩不多的生命里，多多感受家人的关爱，度过一个安乐的晚年，也让自己不要留下遗憾。

 和爷爷奶奶相处的时候

- 耐心地听爷爷奶奶的唠叨。
- 主动跟爷爷奶奶说一些学校里有趣的事情。
- 帮爷爷奶奶捶捶背、捏捏肩。
- 如果不能经常去看望他们，就多给他们打打电话。

不插嘴，不打岔

罗小西愁眉苦脸地走进教室，迎面碰到东东，就向他诉苦："东东，我最近好烦，我的……"

东东一听，忙问："怎么啦？你烦什么？"

罗小西说："我的英语……"

还没等罗小西说完，东东又噼里啪啦地问："英语作业又没交吗？不会做吗？是不是你英语课又没听懂？"

罗小西摆摆手，解释说："不是，是我的……"

东东再次打断罗小西的话："是不是你英语没考好，你妈妈不让你玩游戏？还是你妈妈让你上英语补习班了？"

东东噼里啪啦地问了一大通，罗小西根本就插不上嘴，只好无奈

地叹了一口气,走了。

东东摸了摸脑袋,说:"咦?怎么走了?"

唉,谁叫东东还没搞清楚状况,就胡乱发表自己的看法。他的话像一把剪刀,咔嚓咔嚓就把罗小西的话给"剪断"了。

插嘴是一件很让人讨厌的事情,不仅会显得自己没有礼貌,还会让对方不愉快。如果你总是只顾着自己说个痛快,频频打断别人的话,那么谁还愿意和你聊天呢?

怎样改掉爱插嘴的坏习惯呢?

- 认真倾听别人说话。当你集中注意力听别人说话时,就不会插嘴啦。
- 如果别人的话还没有说完,可以先把自己的想法储存在大脑里。当别人说完之后或告一段落时,再提出来。
- 当你忍不住要发表自己的意见时,可以先举手示意,等别人停顿下来再说。

管好自己的脚

冬天到了,教室门紧紧地关着,阻隔外面呼呼的冷风。突然,"砰"的一声,门被东东一脚踹开了,教室里的同学都吓了一大跳。

"喂,你没长手吗?干吗用脚踹?"朵拉瞪着东东,不满地说。

"大家都是这样的,你干吗说我一个人?"东东嘀咕道。

原来,很多人因为怕冷,都把手揣在口袋里,每次进门时,就直接用脚踹。

"唉……"看到门上一个个难看的脏脚印,朵拉不知道该说什么好了。

很多男生都像东东一样，喜欢用脚踹门，还觉得这样做很帅、很酷。但事实上，踹门一点儿都不酷，而且是一种非常没有素质的行为。用脚踹门，不但容易把门踹坏、踹脏，还会发出巨大的响动，打扰到室内的人。

所以，请管好自己的脚，不要再踹门了！因为在踹门的同时，也踹坏了自己的形象。

你能管好自己的脚吗？

- 🔴 无论去哪里，都要养成随手关门，轻轻开门的习惯。
- 🔵 在安静的走廊里，不要故意将地板踩得"砰砰"作响。
- 🟢 不要故意在雪白的墙上留下你的脚印。
- 🟡 出门时，不要踩踏草地。
- 🟠 用手将垃圾扔进垃圾桶，不要把垃圾当球踢。

别人的东西不乱拿

"咦？怎么不见啦？"一大早，朵拉就在课桌里翻来找去。

"找什么呢？"罗小西问。

"我的英语参考书不见了，明明记得放在桌子上的啊！"

"哎呀！真是不好意思！是我拿走了。"罗小西说，"前天下午，我想找你借英语参考书，可是你不在，我就自己拿了，后来就忘了告诉你……"说完，从课桌里翻出英语参考书，递给朵拉。

朵拉气鼓鼓地瞪了罗小西一眼："你怎么能随便拿我东西呢？害我找了这么久。"

朵拉虽然不是一个小气的女生，但是自己的东西被人乱拿，也会有点儿不高兴。罗小西也意识到自己做得不对，摸摸鼻子，诚恳地

向朵拉道了歉。

即使是最好的朋友，也不能把对方的东西当成自己的。每个人都有自己的独立空间，只有学会尊重朋友，友谊才会更长久。

这些事你能做到吗？

- 借别人的东西前，要先经过别人的允许。
- 去朋友家做客时，不要乱动朋友家的东西。
- 无论进谁的房间，都要先敲门。
- 不要窥探别人隐私，比如偷看别人的日记。

不捉弄女生

这天放学后，罗小西走在回家的路上，忽然一个个子高高的、穿着蓬蓬裙的女生从他身边经过。罗小西认识这个女生，她叫莉莉，是高年级的学生代表，长得漂亮，成绩优秀，是学校里的风云人物。

罗小西正看着莉莉出神，忽然身后响起一阵哄笑声。罗小西转头一看，只见几个男生勾肩搭背，正冲着莉莉吹口哨起哄呢！看得出莉莉很不高兴，回头瞪了那几个男生一眼，加快脚步，匆匆离开了。

罗小西皱起了眉头，心想：天哪，这些人太粗鲁了，简直丢我们男生的脸！

很多男生在和女生相处时，都喜欢捉弄女生。比如动不动就扯女生的头发啦，用笔戳女生啦，冲女生大声嚷嚷啦，往女生的文具盒里放蟑螂啦……他们以为这样就能获得女生的关注，其实这样的行为，不但不能获得女生的好感，反而会让女生觉得你很无聊，对你避而远之。

如果你想和女生做朋友，就应该尊重她们，多多帮助她们，而不是捉弄她们，惹她们生气，甚至将她们惹哭。

● 跟女生相处的正确方式

- 和女生交流时，要大方自然，不要吞吞吐吐，眼神躲躲闪闪。
- 不要故意去做一些挑衅的事，来引起女生的注意。
- 和女生相处要保持距离，不能像和男生一样，勾肩搭背，太过亲密。
- 要有绅士风度。如果女生有困难，要主动提供帮助。

 # 让人难堪的"幽默"

相信没有一个女生，在听到别人说她长得像怪兽时，还能笑得出来吧！原本很愉快的聊天，就因为东东的一句玩笑话冷场了。

东东就是这样，总喜欢说一些自以为幽默的话，比如拿别人的身材和长相开玩笑啦，嘲笑别人的不足啦，挖苦别人啦……东东的幽默，可真让人难堪啊！

这样的幽默可不是真正的幽默。真正的幽默应该是善意的，能让人感到心情愉悦，拉近人与人之间的距离；而不是建立在别人的"痛苦"之上，让人感到尴尬和不适。

所以，当你试图展现自己的幽默感时，一定要学会把握幽默的尺度，不要只顾着自己开心，而让别人难堪。

一个真正幽默的人懂得这些

● 注意场合。在严肃、庄重的场合不开玩笑。

● 和不熟悉的朋友开玩笑，要把握幽默的尺度。即使是好朋友之间，也不能太过随便。

● 不要开一些容易让人误会的玩笑。

● 刻意地制造幽默和笑料，会让人觉得生硬和别扭。

爱顶嘴的男孩

上课铃响了,东东抱着篮球,匆匆往教室跑。只听"砰"的一声,东东一头撞到刚出办公室的秦老师的身上!

秦老师瞪着一双冒火的眼睛:"东东同学,老师跟你说了多少遍了,不要在走廊上横冲直撞!"

没想到,东东不仅不道歉,反而强词夺理:"老师,我也没办法啊!如果我不跑,就会迟到。难道你希望我迟到吗?"

秦老师气得一句话也说不出来。

下课后,同学们对东东说:"你胆子真大,居然敢和老师顶嘴!"

东东得意扬扬地说:"那算什么,就是校长来了我也不怕!"

东东不仅在学校里和老师顶嘴,在家也经常和父母

顶嘴。每次看着老师和父母说不出话来的表情，东东就为自己的勇气和口才而感到骄傲！

顶嘴就是"酷"，就是"帅"，就是"胆子大"吗？当然不是！实际上，顶嘴是一种非常不礼貌、没风度的行为。如果你也是一个总爱和老师、父母顶嘴的男孩，那就赶快停止这种只会让人皱眉头的粗鲁行为吧！

顶嘴并不能解决任何问题！

——顶嘴不等于"口才好"！把自己能说会道的好口才用在正确的地方吧，比如演讲、辩论赛，而不是让老师和父母伤心、失望！

——即使老师和父母有做得不对的地方，我们也不应该顶嘴，而要心平气和地和他们谈一谈，说出自己的想法。如果你的想法正确，相信老师和父母会接受你的意见！

爱"吃亏"的男孩

大家都说，罗小西是个爱吃亏的人，为什么这样说呢？

这天上课时，秦老师说："你们谁愿意在放学后帮助低年级的同学补习功课？"

东东心想："不行呀，放学后我还要和朋友们去打球呢。"

林木木琢磨："这个是义务劳动，既没有酬劳，也没有好处，太不划算了。"

朵拉也在心里打着小算盘："我还要回家温习功课呢，把时间给了他们，我自己就没时间学习了。"

罗小西看看大家，又看了看老师，默默地举起了手。

同学们都笑他：真是个笨蛋，这么吃亏的事情都干！

就这样，罗小西放弃了很多娱乐活动来帮低年级同学补习。没想到，罗小西坚持了几个月之后，成绩竟然一下提高了十多个名次！

同学们纷纷向他询问，罗小西不好意思地说："其实，我给他们补习，也等于自己复习了一遍。知识巩固了，成绩自然就上来了。"

这下大家都明白了，表面上看罗小西是吃亏了，可事实上一点儿都不亏呢！

 罗小西还爱吃哪些"亏"呢?

周末，罗小西会义务帮助小区的孤寡老人提水、扫地等。

掉到垃圾桶外的垃圾，罗小西会主动捡起来丢进垃圾桶。

罗小西经常把自己的旧书、旧衣服捐给山区的孩子们。

妈妈给罗小西买的零食，他会和朋友一起分享。

不要变成撒谎精

昨天晚上，罗小西看漫画看得太入迷，忘了做作业。第二天早上，小组长朵拉来收作业了，罗小西支支吾吾地说："朵拉，那个……我……作业本放家里忘带了，可不可以明天交啊？"

朵拉毫不客气地说："我才不信呢，你一定是没做吧！"

朵拉一眼就看出罗小西在撒谎。这是为什么呢？因为罗小西撒谎时，表情和动作都显得非常不自然：

声音发颤，说话吞吞吐吐。

用手摸鼻子或头发。

眼神慌乱，不敢直视对方。

不停地眨眼或抿嘴巴。

虽然人撒谎时，不会像匹诺曹一样鼻子变长，但是，人的表情、眼神和动作都会"出卖"自己。

所以，不要以为撒谎可以掩盖什么，事实上，你的谎言可能早就被人看穿了。

而且，如果我们说了谎，很可能要用第二个谎言去掩饰第一个谎言，这样就陷入了恶性循环之中，导致自己说的谎话越来越多，最后变成一个彻头彻尾的撒谎精，从而完全失去别人的信任。

关于诚实的名人名言

● 走正直诚实的生活道路，必定会有一个问心无愧的归宿。 ——［苏］高尔基

● 对自己真实，才不会对别人欺诈。 ——［英］莎士比亚

● 诚实比一切智谋更好，而且它是智谋的基本条件。 ——［德］康德

● 不要说谎，不要害怕真理。 ——［俄］列夫·托尔斯泰

第三章

让学习更轻松的好习惯

课间十分钟

"丁零零……"下课铃响了。大家冲出教室,有的在走廊上聊天,有的在嬉笑打闹,有的在操场打球,非常热闹……

林木木却像软体动物一样趴在桌子上,一动不动。罗小西走到他身边,拍了拍他的肩膀说:"木木,我们出去玩一会儿吧!"

林木木无精打采地说:"你自己

去吧，我要趴一会儿，下节课才有精神。"

可是，十分钟很快过去了，林木木却更没精神了。第二节课上课还没五分钟，林木木的眼皮就在打架了："为什么我比上节课更累呢？"

教室里人多，空气不流通，很容易让人感到疲劳、想打瞌睡。因此很多同学下课后都爱趴在桌上休息。实际上，这样做不仅不能缓解疲劳，反而会使人感到更累。

 课间十分钟应该怎么度过呢？

1. 放下课本，走到窗前，远眺或做一做眼保健操，让眼睛休息一下。

2. 做一些简单的运动，活动手脚。不要做剧烈运动，这会使人感到更疲劳。

3. 到楼道里散散步，吹吹风，多做深呼吸。

男生的课本

"罗小西,把你的语文课本借我一下。"

接过罗小西的书,朵拉皱起了眉头。这哪是书啊!封面掉了一半,书角卷了起来。打开书本一看,里面全是罗小西的"杰作",这页画了一个猪头,那页画了几只乌龟。

"罗小西,你的课本是从垃圾桶里捡来的吗?"朵拉嫌弃地说。

罗小西"嘿嘿"一笑:"男生的课本都这样啦!"

难道男生就可以不爱惜书本吗?答案当然是否定的。课本是我们的朋友,是学习上的好帮手,不管是男生还是女生,都要爱惜它们:

哇,从这本书里可以学到好多新知识呀,我要爱惜它。

- 不要撕书折纸飞机。
- 不在书本上乱写乱画。
- 打完篮球后,记得洗了手再翻书。
- 最好给书包上书皮。
- 不要随手乱扔书本。

鲁迅爱书的故事

鲁迅不仅酷爱读书,对书本也特别爱护。他买回书来,一定要仔细检查,发现装订有问题或有污渍,一定要去书店调换。有些书很容易脱线,他就自己动手改换封面,重新装订。

看书之前,他会先把手洗干净,再把桌子擦得干干净净,绝对不会弄脏了书。

他还特意准备了一个箱子,把各种各样的书整整齐齐地放在里面。箱子里还放了樟脑丸,防止虫蛀。

鲁迅爱书如命的好习惯,延续他的一生。这些宝贵的藏书,是他生命中最珍贵的财产。

你的课桌整齐吗？

"罗小西，交作业了！"朵拉走到罗小西跟前。

"啊……等我一下，我找找作业本。"

说完，罗小西埋头在课桌里翻找起来。瞧瞧罗小西的课桌，书本胡乱堆在一起，中间还夹杂着作业本、试卷等。角落里甚至还有几个空酸奶盒，以及半个没吃完的包子。这哪是课桌，简直就是一个小型的"垃圾场"。

很快，5分钟过去了。朵拉皱着眉头问："你怎么还没找

到，不会没做吧？"

"当然做了！我一下子没找到而已！再等我5分钟。"罗小西一边翻着乱糟糟的课桌，一边说。

又过了好一会儿，罗小西才终于在"垃圾场"深处找到了作业本。

朵拉拿过他的作业本一看，上面还沾着一块油乎乎的印记呢，马上用手捏着作业本的角嫌弃地走远了。

课桌是否整洁，能反映出一个人的学习态度。如果课桌收拾得整齐干净，说明这个人对待学习很认真，做事情也有条理。如果一个人连课桌都不愿意收拾，像垃圾场一样乱糟糟的，还能指望他用心学习吗？

收拾书桌的重要性

- 在干净整齐的课桌上学习，会更放松、更投入。
- 收拾好课桌，就不用为找东西而浪费时间和精力，学习效率自然也能提高。
- 从收拾课桌这件小事入手，渐渐养成做事有条理的好习惯。

正确的学习姿势

下午，暖洋洋的阳光照进教室，把懒洋洋的气息"传染"给了东东。只见他一会儿趴在桌上，一会儿用手撑着脑袋，一会儿靠在墙上……

秦老师皱紧眉头，拿书把桌子敲得咚咚作响："东东，上课坐端正一点儿！"

听了秦老师的话，东东立刻挺直腰板。可是，等秦老师的目光一移开，东东又软绵绵地挂在椅子上，像一只软体动物。

你学习的时候，是不是也和东东一样，只顾着什么样的姿势舒服，而不在意姿势是不是正确呢？

学习的姿势不端正，趴着或躺着，刚开始会觉得很舒适，但是，时间久了就会觉得疲倦，还会影响视力和身体发育，出现近视、驼背、肩斜等现象。想想都是一件很可怕的事情啊！所以，赶快端正你的学习姿势，只有姿势端正了，学习才会更有精神！

你能做到以下几点良好的学习姿势吗？

- 不躺在床上看书。
- 走路和坐车时不看书。
- 看书时，书本离眼睛一尺远。
- 听课时，身体挺直，双肩端平。
- 写字时，书本和作业本摆正，手离笔尖一寸远。

如果你不能做到以上这些，那你可就要注意了。努力学习固然重要，但只有保持正确的学习姿势，才能保证良好的学习状态。

男生也能写出漂亮字

作业本发下来了,朵拉的本子上写着明晃晃的"优秀",而罗小西的作业本上,只有"良好"。

罗小西不服气地说:"秦老师真偏心,我和朵拉都做对了,凭什么朵拉得了优秀,我就只能得良好?"

林木木凑过来一看,说:"你看看你的字,再看看朵拉的字,你就知道了。"

罗小西拿起朵拉的作业本和自己的做对比。朵拉的字工工整整,像机器印出来的一样漂亮。再看看自己的字,歪歪扭扭,仿佛一堆蚂蚁在乱爬。

罗小西顿时说不出话了。

看到漂亮的字，是一种享受。而看到潦草、难看的字，则是一种"折磨"。写一手好看的字，也是我们学习中重要的部分。不仅仅是女生，男生也应该把字写得漂亮。如果你的字不够好看，那就从现在开始练字吧！而且，练字能陶冶人的情操呢。相信在练字的过程中，你一定能发现乐趣，收获多多！

写一手漂亮字的好方法

★ 写字不能太快，要一笔一画写清楚。

★ 即使你的字不好看，也要把字写得工整一点儿。

★ 选择好的字帖，最好从楷书开始练起。

★ 用米字格练字，会使你的字写得更整齐、规范。

★ 练字的时候，坐姿要端正，握笔的姿势也要正确。

★ 练字是一个长期的过程，需要坚持不懈地反复练习。

每天读书一小时

周末,罗小西躺在沙发上,看了一上午电视。罗妈妈看了,没好气地说:"罗小西,周末这么长时间,你就不能学习一会儿吗?"

罗小西说:"我的作业已经做完了。"

"那就去看看书。"罗妈妈说。

罗小西不情愿地走到书架边,随便抽出一本作文书,翻了起来。

过了一会儿,妈妈听罗小西没动静了,往沙发上一看,气坏了,原来罗小西不知什么时候已经睡着了。

很多男生

都和罗小西一样，爱上网，爱玩游戏，爱看漫画，就是不爱读书。这是因为他们还没有体会到读书的好处。

要知道，读书是我们获取知识的重要渠道。读书不仅能够充实自己，拓宽视野，还能培养我们的耐心，提高修养。养成每天读书一小时的习惯，把读书培养成一种兴趣，你也会从书中发现"黄金屋"！

 你可以这样读书：

- 每天在固定的时间读书，比如早上起床后，或者晚上睡觉前。让读书成为一种习惯。
- 读书的时候，遇到好词好句，或者能给你启发的内容，就记录在摘抄本上。
- 不要只局限于自己感兴趣的书，天文、地理、军事、科技等各个方面的书都可以涉猎。
- 准备一本读书笔记，每看完一本书，记得把自己的感悟、见解记下来。

温馨提醒：每读书半个小时，记得让眼睛休息5~10分钟哟！

周末的早晨

每到周末，许多男生都会选择窝在被子里，一觉睡到大中午，白白浪费了美好的早晨时光。而东东的早晨过得既健康又充实，他还为周末的早晨写了详细的计划呢。

6:30，闹钟一响，立刻起床。

6:45，洗漱完毕，换上运动服，做一些简单的热身运动，下楼去公园里慢跑。

7:00，回家吃早餐。

7:30，开始背诵语文课文。

8:00，开始记英语单词。先把单词读几遍，掌握了单词的准确读音，再一遍一遍地默写。

……

俗话说："一年之计在于春，一日之计在于晨。"早晨，呼吸着新鲜的空气，头脑清醒，精神集中，是学习的最佳时间。利用好周末的早晨，用不了多久，你就会发现自己已经超过别人很远啦。

 周末的早晨

★ 不赖床，起床后做几个深呼吸，远眺一会儿。

★ 可以试着自己做早餐。

★ 利用早晨的时间学习，比如大声朗读课文。

★ 阅读书籍或报纸。

★ 做一些简单的晨间运动。

所以不要睡懒觉啦，赶紧行动起来吧！

你会正确使用参考书吗?

写作业时,罗小西坐在书桌前,手里的笔"唰唰"地动个不停,看上去非常认真。不过,一个小动作"出卖"了他:他的眼睛时不时地瞟向右手边的参考书。而作业本上的题目,几乎都能在参考书上找到答案。

上课时,老师提出一个问题,罗小西想都不想,立刻手忙脚乱地翻参考书找答案。

除了罗小西,班上很多同学也都非常依赖参考书。他们认为:反正参考书上能找到答案,就不需要花时间和精力去思考了。久而久之,参考书也成了大家的"答案宝库"。

参考书,真是仅仅作为"答案宝库"而存在的吗?我们来听听他们是怎么说的。

林木木:我觉得参考书挺重要的,它对我来说就像老师一样,能帮我解决很多学习上的难题。而且,参考书里还有一些老师没有讲过的内容,能让我补充新的知识点。

朵拉：我觉得我们应该减少使用参考书。有了参考书，很多同学在学习的时候，就不会自己动脑思考了，可这样根本就不能真正地掌握知识。而且，长时间不动脑思考，脑袋也会"生锈"。

秦老师：我们应该正确、合理地使用参考书，不能过于依赖它。上课时尽量不要翻参考书，要自己动脑思考。写作业时不盲目抄参考书上的答案，但可以在完成作业后，使用参考书对答案……正确地使用参考书，它就能成为我们学习上的好帮手。

走开,拖延症

国庆节到了,秦老师给大家布置了假期作业——写七篇日记。罗小西心想:太好了,每天写一篇,轻松搞定!

可是第一天,罗小西的拖延症就犯了。他想:急什么,还有六天呢,明天再写也不迟。好不容易放假了,应该玩个够!想到这儿,罗小西安心地去电脑前玩游戏了。

第二天,罗小西望着桌上的作业,又想:还有五天呢,我明天一定写两篇!

到了第三天,第四天……罗小西又想了各种理由不写作业。

就这样，七篇日记被罗小西拖到了最后一天，罗小西这才紧张起来：一天能写好七篇日记吗？

结果不用想也知道，罗小西的日记写得很糟糕，遭到了秦老师严厉的批评。

俗话说："今日事，今日毕。"如果总想着把学习任务留到第二天做，拖了一天又一天，积压到最后，会使自己的作业量大大增加，而正确率却会降低。

- 提前把要做的事情计划好。比如计划晚上七点半写作业，那么到了七点半，就要立刻放下手中的一切事情，去写作业。

- 不要自己给自己负面的心理暗示，比如"哎呀，今天的作业太难了"或者"我一定完不成"之类的话。只要行动起来，就没有完不成的任务。

- 不要过于追求完美。因为过于追求完美的人，往往会在一件事情上拖拉很久。

- 无论什么时候，都不要为自己的拖延找借口。

# 你能一心几用?

东东喜欢一边看电视，一边写作业。相反，林木木写作业时，关掉了电视、电脑，一心一意写作业。让我们一起来看一看，两人学习的结果有什么不一样呢？

东东：一边看电视，一边做数学题，花了两个小时，做了五道题，错了四道题。

林木木：专心写数学作业，五道题只花了半个多小时，一道题都没错。

东东：一边吃零食，一边背语文课文，一篇语文课文往往要花两三个小时才能背下来。

林木木：专心背语文课文，结果半个小时就背下来了。

东东：一边玩游戏，一边记英语单词，两个小时只记了十个单词，而且没过多久就忘了。

林木木：专心记单词，结果不到一个小时就记住了三十个单词。

由此我们可以看出，东东一心二用，不仅学习效率低，错误率也很高。所以，在学习的时候，千万别学东东呀，还是学一学林木木吧。专心致志，集中精神，等学习结束了再去玩，才能学得更好，玩得更开心，不是吗？

我们去图书馆吧!

想找一个安静的地方学习，教室里？太吵了！家里？一个人学不进去！最好的选择就是图书馆了。

图书馆并不是像东东所说的，是一个睡觉的好地方，而是学习的好地方。

图书馆不仅安静、舒适，还是一个知识丰富的大宝库。遇到难题，可以随手查阅资料，简直是太方便了。

林木木自从发现这个"大宝库"后，每个周末下午，都会去图书馆待一会儿。图书馆到处都是学习的人，还有一些人取了书，就地坐在书架下面，看得津津有味。在这样的氛围里，林木木觉得学习真是一件超享受的事。

你有经常去图书馆的习惯吗？如果没有，那就学一学下面的图书馆计划吧！

★ 每周都要坚持去图书馆自习一次。

★ 每月至少要去图书馆借阅一本图书。

★ 碰到新问题时，靠自己去图书馆寻找答案，而不是向老师求助。

当你做到了上面的计划后，那就将计划里的次数逐步增加。相信用不了多久，你就会喜欢上去图书馆哟！

再检查一遍

这次考试,罗小西提前半个小时做完了试卷,也没检查,就在大家惊讶的目光中,得意扬扬地交了头卷。

考试结束后,同学们一对答案,罗小西就急得跳脚了:"哎呀!我忘记写名字和班级了!"

"糟糕,我有一道题的答案好像填错了。"

"这道题我好像算错了……"

考试的结果显而易见。罗小西考得不是很理想,很多简单的题目也做错了,白白丢了很多冤枉分。

在学习和考试中，养成检查的好习惯，能让我们避免很多不该出现的错误。如果罗小西在交卷前，能用剩下的时间，将试卷再仔细检查一遍，那么结果一定会不一样吧！

学习中可以培养的检查好习惯

♥凡事先做好思想准备，提前预测可能发生的状况。

♥每天晚上，都要检查自己有没有完成今天的学习计划和任务。

♥考试前，检查考试用品是否准备齐全。

♥试卷写完后，如果还没到交卷时间，一定要再检查一遍。

我的错题本

这节数学课，老师给大家讲解了上次考试的试卷。

罗小西抄完正确的答案后，就将试卷扔到一边。而林木木不仅抄完答案，还认真地将每道做错的题都重新算了一遍。

罗小西有些不以为意："你干吗这么认真？反正下次考试又不会考一样的题目。"

你同意罗小西的观点吗？做错的题目，只要把正确答案抄下来，就可以不管了吗？如果下次遇到相同类型的题目，还是不会做，该怎么办呢？尤其是考试时遇到这样的题，那不是白白丢了分数吗?

所以，对错题我们不但不能不管，还要找出做错的原因，并找到正确的解题方法，保证下次不会再犯同样的错误。为此，我们可以准备一个错题本，专门用来收录自己作业、考卷中的错题。

怎么使用错题本

◆ 可以按照不同的科目，准备不同的错题本，比如"语文错题本""英语错题本"等。

◆ 并不是所有的错题都要写进错题本中，只要收录那些比较典型，或者容易出错的题目就行了。

◆ 有了错题本，还要经常拿出来复习哟，否则就起不到它应有的作用啦。

◆ 还可以和同学交换错题本，互相借鉴，共同进步。

睡觉前的小总结

"今天学了些什么呢?"

"语文课学习了新课文《老人与海鸥》,讲的是一位老人,为了给海鸥喂食,每天坚持步行二十多里路……"

"数学课学习了解一元一次方程……"

"英语课学了新单词。对了,橡皮擦的单词怎么读来着?哦!想起来了,e-r-a-s-e-r,eraser……"

洗完澡,林木木躺在床上,闭着眼回忆这一天的学习内容。老师教过的知识就像放电影一样,一条条清晰地浮现在脑海中,相当于林木木又将这些知识复习了一遍。

橡皮擦e-r-a-s-e-r,eraser……

你有没有这样的习惯呢？

每天睡觉前，及时对一天的学习内容进行归纳总结。这样的学习方式，不仅能帮我们巩固知识，还能提高记忆呢。怎么样，赶紧学一学吧！

 睡觉前的"小总结"

- 晚上上床后临睡前，将白天的学习内容简略地回顾一遍。时间不要太长，最好控制在10～20分钟。
- 白天在学校里有做得不够好的地方，也要深刻反省。
- 总结完后，还可以简略制订一下第二天的学习计划！

我要一目十行

"接下来,给大家5分钟时间快速阅读全文。"语文课上,秦老师说道。

5分钟很快过去了。大家纷纷举起手,表示自己看完了。

"罗小西,你能说说这篇文章的主要内容吗?"秦老师说。

罗小西慢腾腾地站起来,小声说道:"老师,我还没看完呢。"

原来,罗小西读课文时,是逐字来读的,速度非常慢。别的同学读完了,他才读了一半。哎,如果在考试的时候,罗小西也像现在这样，一字一句地慢慢读题目，那得浪费多少时间啊。

所以为了提升学习效率，也为了考出更好的成绩，我们必须学会快速阅读的方法。

"一目十行"的方法

- 在安静没有噪声的环境中阅读，更不容易分神喔！

- 标题往往是文章的中心点，所以在读文章前，先花几秒钟的时间读懂标题，再继续阅读。

- 不要逐字逐句地看。学会搜寻句子中的关键词，理解句子的大概意思就可以了！

- 对文章中不重要的部分或段落，可以略读或跳读。

- 最后，将关键内容连接在一起，整篇文章就通了。这样的阅读方式，能帮你节省很多时间哟！

不懂就要问

学校要举行一场古诗大赛。秦老师很重视这次比赛,特意打印了一沓古诗词的资料,给每位同学发了一份。

可是,在这些诗词里面,有好几首之前都没有学过,同学们不知道诗词的意思,只能死记硬背。

这天早上,秦老师照旧抽查大家的背诵情况。

罗小西犹豫了一会儿,鼓起勇气,举起手,说:"老师,这首《山中杂诗》我们读不懂,您能给我们讲一讲吗?"

教室里顿时鸦雀无声。

秦老师愣了一会儿,并没有责备罗小西,而是耐心地给大家讲解起来。

果然，理解了诗词的意思，背起来就轻松多了。在这次比赛中，三班超常发挥，取得了第一名的好成绩。

后来，有同学问罗小西："你胆子真大啊，不怕被老师骂吗？"

罗小西摸摸头，有些不好意思地说："不懂就要问，这不是老师一直教我们的道理吗？"

● **不懂可以这样问**

课堂上，如果有听不懂的地方，就及时举起手问老师。

课堂外遇到难题，大胆地去办公室向老师请教，不用担心会挨骂。要知道老师最喜欢爱提问题的学生了。

除了老师，也可以向学习成绩好的同学请教哟。

问题太多了吗？

"朵拉，今天的作文题怎么写？"

"林木木，你给我讲讲这几道数学题呗！"

"老师，你刚才讲的我都没听懂。"

东东每天都有很多问题要问，老师和同学为此都感到很苦恼。对老师来说，每堂课只有45分钟，如果花太多时间去解答东东的问题，难免会耽误上课的进度，其他同学也会抱怨！对同学来说，每个人在课间都有自己的事情要做，如果总是被东东占用时间，心里难免会不高兴。

当然，东东的好问精神是值得表扬的。但是，我们遇到问题的第一反应，不应该是试着自己去解决吗？如果一遇到问题，就去问老师和同学，自己却一点儿都不肯动脑筋，这样总是依赖他人，又怎么能提高自己的思考和学习能力呢？更何况总是提问题去打扰别人，也会给别人带来困扰吧。

所以，遇到问题，首先应该试着自己解决，解决不了的时候，再去向别人请教吧！

解决问题的好习惯

1.课堂上的疑问如果太多，可以先将问题记下来，等到下课后再问老师也不迟。

2.如果问题实在太难，我们还可以通过查阅资料来寻找解决方法。

3.当你一个人实在解决不了时，向他人求助吧！但是，问题解决了就万事大吉了吗？不，我们还要从中学到解决思路和方法，当下次遇到类似的问题时，就能独立解决啦！

"怀疑"是个好习惯

这节数学课，同学们进行了一次数学小测验。

这次的测验题目很简单，罗小西很快做完了几道选择题，可做到最后一道选择题时，他发现无论用什么方法计算出来的结果在选项中都找不到。

"不会是这道题有问题吧？"罗小西在心中嘀咕，"可是，试卷怎么会出错呢？肯定是我自己算错了。"

于是，罗小西又算了几遍，依旧得出了同样的结果。

罗小西心中充满了疑惑，难道真的是试卷出错了？罗小西再三确认自己没有算错后，紧张地举起右手，将自己的发现告诉了数学老师。

数学老师严肃地看了罗小西一眼，接过试卷认真看了起来。

教室里响起一阵唏嘘声，大家纷纷向罗小西

投来怀疑的目光。罗小西也紧捏着手中的笔，忐忑不安地等待着结果。

就在这时，数学老师郑重地宣布："最后一道选择题确实出错了。"

啊，试卷怎么会出错呢？老师也会失误？书本也会出错？这样的情况简直太少见了。可是，如果真的碰到这样的问题，你敢像罗小西一样，大胆地把自己的怀疑说出来吗？

关于质疑的名言

- 提出一个问题，往往比解决一个问题更重要。——［瑞士、美国］爱因斯坦
- 打开一切科学的钥匙是问号。——［法］巴尔扎克
- 疑是思之始，学之端。——孔子
- 质疑是迈向哲理的第一步。——［法］狄德罗

第四章

让思想更开阔的好习惯

让思考变成习惯

当你在作业中碰到一道从来没有见过的难题,你会怎么做呢?

东东认为反正老师会讲解,就懒得花时间去思考了。所以,东东放弃了这道题,也失去了挑战自己的机会。

林木木选择花两个小时解决这道题,经过一番思考后,他成功拿下了难题,并掌握了解题方法。当他再次遇到类似的题型,轻轻松松就能拿下了。

这就是思考与不思考的区别。一个让你止步不前,一个让你不断进步。

勤于思考的人,勇于探索,敢于创新;勤于思考的人,能发现学习和生活中的乐趣；勤于思考的人，对任何事都有自己的见解，不会随声附和，人云亦云。

勤于思考，会让你终身受益。

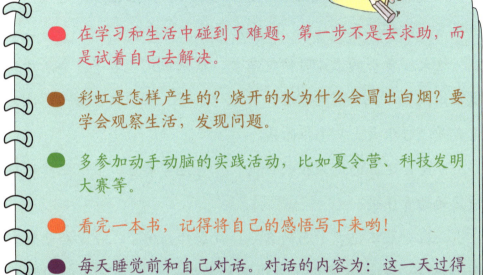

如何养成善于思考的习惯？

- 在学习和生活中碰到了难题，第一步不是去求助，而是试着自己去解决。

- 彩虹是怎样产生的？烧开的水为什么会冒出白烟？要学会观察生活，发现问题。

- 多参加动手动脑的实践活动，比如夏令营、科技发明大赛等。

- 看完一本书，记得将自己的感悟写下来哟！

- 每天睡觉前和自己对话。对话的内容为：这一天过得怎么样？有什么做得不好的呢？明天有什么计划等。

关于思考的格言

☆ 思考就是行动。——[美]爱默生

☆ 一个能思考的人，才是一个力量无边的人。——[法]巴尔扎克

☆ 一天的思考，胜过一周的蛮干。——美国谚语

☆ 学而不思则罔，思而不学则殆。——孔子

如果我是他（她）

朵拉不仅是小组长，还是班里的纪律委员。她有一个小本子，只要谁违纪，她就把谁的名字记上去，然后报告给老师。班上很多同学都不喜欢朵拉，暗地里叫她"告状大王"。

这天，罗小西上课时偷吃零食，被朵拉记了名字。秦老师知道后，没收了他所有的零食，并批评了他。罗小西很生气，认为这都是"告状大王"朵拉的错。

可是，这真的是朵拉的错吗？作为纪律委员，监督纪律不应该是她的责任吗？

朵拉如果不记罗小西的名字，被老师知道了，一定会受到老师的批评。朵拉如果记了罗小西的名字，又会被罗小西抱怨。哎，朵拉该怎么办呢？其实她也很委屈啊！

而且，罗小西犯了错，本来就该受到批评，却把责任推给朵拉，这对朵拉公平吗？

我们总是习惯站在自己的角度去想问题，却很少为别人考虑。如果我们能学会换位思考，站在别人的角度想一想，生活就会多一些理解和宽容，会少一些误会和烦恼，这样难道不好吗？

我有一个"白日梦"

"我希望有一天能开着宇宙战舰，大战外星人，保卫地球……"

作文课上，老师让大家谈一谈自己的"梦想"。罗小西的一番话，引起了大家的哄笑。

朵拉笑得前俯后仰："罗小西一定是科幻电影看得太多，留下了后遗症，哈哈。"

东东笑嘻嘻地说："罗小西最喜欢做白日梦了，他还梦想定居月球呢！"。

林木木一整本经地说："这不是梦想，而是幻想，是根本不可能实现的。"

罗小西酷爱科幻，不仅看了许多科幻电影，还读了很多科幻杂志，是一个真正的"科幻迷"。虽然他知道自己的梦想有点儿不切实际，很可能根本不会实现，但是听到大家的评论，他依旧很难过。

这时，班主任秦老师示意大家安静下来，认真地说："虽然罗小西的梦想很难实现，但我们可以用另一种方法实现它……"

在秦老师的鼓励下，罗小西把自己的"白日梦"写成一篇作文，参加了中小学生作文比赛。让人意想不到的是，他的作文居然获得了"最具想象力作文"奖，还刊登在了《学生科技周刊》上。

罗小西的"白日梦"，真的实现了！

实现"白日梦"的方法

☆首先要相信，"白日梦"并不仅仅是白日做梦，它是有可能变为现实的。

☆马上行动起来。只有行动了，梦想才有实现的可能。

☆对比较远大的梦想，我们可能一时无法实现，但是千万不要灰心。只要我们一步一个脚印，坚持下去，总会有实现的那一天！

☆当然，如果梦想太过虚幻，也许在我们有生之年无法实现，那我们可以像罗小西一样，用另一种方式实现它。

放飞你的想象力

作文课上，秦老师问了一个奇怪的问题："如果你看到雪白的墙上有一个黑点，你觉得那会是什么？"

林木木想了想，说："是一颗钉子。"

东东摸摸下巴，说："我猜是一只黑色的虫子趴在墙上。这只虫子是从窗外飞进来的，也许它迷路了。"

朵拉琢磨着："可能是房屋的主人在给钢笔吸墨水时，不小心将一滴墨水甩到墙上了！"

罗小西兴奋地说："我觉得那不一定是个黑点，说不定是个黑乎乎的小洞。我们能通过这个小洞，

看到另一个世界！"

同学们的答案五花八门，教室里的气氛变得非常活跃。只是大家还是不明白，秦老师为什么要问这个问题。

其实，秦老师是想告诉大家：墙上的一个小黑点，可以是钉子，可以是虫子，也可以是连接另一个世界的通道……当我们写作文时，也可以充分发挥自己的想象力，让一个本来不起眼的东西，或者一件本来很平常的事情，变得生动起来！

除了写作文，在日常生活中，我们也可以尽情放飞自己的想象力，让我们的生活和学习变得更加丰富有趣！

看到雪白的墙上的一个黑点，你会想到什么呢？发挥你的想象力，将你的答案写在下面吧！

标准答案是唯一答案吗?

试卷上有这样一道题:

从前有一只乌鸦,它找到了一块肉,叼在嘴里高兴地飞到了大树上。树下的狐狸看到后,馋得直流口水,于是它对乌鸦说:"亲爱的乌鸦,我听说你的叫声是世界上最美妙的声音,你能唱一首歌给我听吗?"乌鸦听了很得意,高兴地唱起歌来。它刚一张嘴,肉就掉下去了。狐狸叼起肉,飞快地钻进洞里。

通过这段短文,你明白了什么道理呢?请写在下面的横线上。

罗小西的答案是这样的:狐狸这一次虽然吃到了肉,但下次乌鸦就不会上当了。狐狸如果不学着自己去找食物,迟早会饿死。所以我们不能像狐狸那样耍小聪明,而应该脚踏实地,通过自己的努力获得成功。

而这道题的标准答案是:做人

不能像乌鸦一样骄傲，经不起表扬。闪光的并不都是金子，动听的语言并不都是好话。

虽然罗小西的答案和标准答案相差很远，但秦老师依旧给他打了满分。因为在秦老师看来，罗小西的回答并没有错，相反，还很有道理。

很多问题都不止有一种答案，所谓的标准答案，只是参考答案，并不是唯一的正确答案。所以，如果你有不一样的答案，就勇敢地表达出来吧！

——我们在思考问题时，应该有自己的见解。不要拘泥于一个答案，养成创新求异的思维习惯，让大脑变得更活跃！

——一般情况下，参考答案往往是最好的回答。如果你的见解不够深刻，答案不够完美，就还是应该以标准答案为主。

只有一种解答方法吗？

数学课上，数学老师出了一道题，并告诉大家："这节课不讲新内容，专门做这道题！"

教室里顿时炸开了锅。一节课只做一道题？这可真是一件新鲜事！

难道这道题很难，需要一节课的时间才能解答吗？

可是仔细一看，同学们都傻眼了：不难啊，几分钟就能解答了。

罗小西很快算出了答案，举手告诉老师。

数学老师点点头："很好，你的解题过程是什么？

来跟大家说一下。"

等罗小西说完，数学老师又问："还有谁有不一样的解法？"

同学们纷纷试着用不同的方法求解。一节课很快过去了。在大家的共同努力下，终于找到了四种不一样的解题方法。

一道数学题，可能有好几种解题思路。一篇材料作文，可以从很多个主题入手。遇到问题，也有很多种解决方法。不论在学习上还是生活中，学会从不同角度去思考问题，不仅能使我们对问题有更深刻的见解，还能开阔我们的思路，不断地突破自己。

多角度思考问题前应该具备的能力：

- 一定的知识基础。
- 丰富的想象力。
- 大胆创新的能力。
- 敢于质疑的勇气。

做出最好的选择

周末,罗小西决定独自去看望住在城西的外婆。但是,从罗小西家到外婆家有半个小时的车程。这意味着他必须得自己搭车过去。

于是,罗小西列出了三种搭车的方法。

方法1:坐出租车。优点:方便,速度快。缺点:费用高。

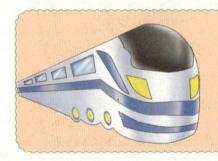

方法2:坐地铁。优点:速度快,便宜。缺点:下车后需要步行1千米。

方法3:坐公交车。优点:费用便宜,下车后走几步就到了。缺点:速度慢,而且中途要转车。

根据自己的实际情况，罗小西选择了方法2——坐地铁。

如果是你要出行，你也会先列出每一种出行方法，然后从中选择最适合自己的吗？

在生活中，我们都面临着各种选择。这时，我们一定要认真思考，积极准备，做出最好的选择，让我们的生活变得更加高效和顺畅。

如何做出最好的选择呢？

● 在做选择前，仔细分析每一种选择带来的利弊，再从中得出最佳选择。

● 如果有时候实在难以选择，那么就跟着感觉走吧。

● 如果是重大的选择，比如培养一门兴趣爱好，或者是对暑假的规划，等等，可以向父母、老师请教。

● 一旦做出了选择，就不要再想着其他的选择了，认真把自己的想法执行下去吧。

敢于打破常规

家里来客人了，妈妈叫罗小西给客人切苹果吃。

罗小西把苹果洗干净，拿起水果刀，"咔嚓"一声，将苹果拦腰切成两半。

"天哪，你快停下！"妈妈赶紧阻止罗小西，"苹果不是这样切的，应该竖着切！"

罗小西不以为然地举起一半苹果："谁规定苹果只能竖着切，不能横着切呢？妈妈你看，横着切的苹果里面，还有一颗五角星呢！"

妈妈仔细一看，果然，横着切的苹果的果核，可不就是一个漂亮的五角星形状吗？

相信很多人都切过苹果，而且他们总是按照最常见的切法竖着切。谁会想到，换一种切法，就能得到一颗美丽的"星星"呢？

许多人都习惯了规规矩矩地生活、学习和工作，从来不敢跨越雷池半步。其实，当你试着去打破常规，说不定就能跟罗小西一样，获得一些意外的收获和惊喜呢。

当然，打破常规，并不是让你去做一些违反纪律的事情，而是要勇于创新，发掘自己的潜力，不断地超越自己，超越别人！

田忌赛马

战国时期，齐国的大将军田忌喜欢赛马。有一次，田忌和几位贵族赛马，并以千金做赌注。

田忌有一个好朋友叫孙膑。孙膑发现，他们的马水平都不相上下，分为上等马、中等马和下等马。如果按照上对上、中对中、下对下这样常规的战术进行比赛，田忌的胜算很小。于是，孙膑想到了另一种战术，向田忌建议说："等会儿比赛，您用下等马对付他们的上等马，用上等马对付他们的中等马，用中等马对付他们的下等马。"

果然，经过三场比赛，田忌一败两胜，赢得了赌注。

未来有无限可能!

科学课上,老师问大家:"你们相信火星上有生命吗?"

罗小西回答说:"相信!说不定在火星某个没有被人类发现的角落里,就存在生命!"

林木木立刻反驳他说:"科学家并没有在火星上发现液态水,没有水,怎么会有生命呢?"

老师又问:"那你们相信人类能在火星上定居吗?"

罗小西回答:"当然相信!火星是太阳系中与地球最相似的星球,很可能成为第二个地球。"

林木木却说:"火星上氧气太少,人类根本无法生存!"

罗小西涨红了脸,不服气地大叫:"哼,现在不能,但未来一定能!"

是呀,即使现在人类不能在火星上生存,但是说不定很多年后,人类就可以去火星旅游了呢!

就像几千年前,人们坚信地球是宇宙的中心。当哥白尼提出"日心说"的观点时,人们不但不相信,还把他当成了疯子。可是,经过科学的不断发展和进步,哥白尼的"日心说"被证实了。所以,我们千万不要用现在的眼光看待未来的世界。未来总是充满无限的可能,不是吗?

现在的我们应该做的

☆首先,我们要相信一句话——一切皆有可能。

☆然后,为自己的未来绘制一张蓝图吧!

☆从现在开始,要为自己的未来付出百分之百的努力。

☆要充满希望和期待地生活!

伟大的精神力量

罗小西在电视上看到一则新闻，说的是一个年轻人患了绝症，医生告诉他，他只能活一年了。听到这个令人绝望的消息，年轻人并没有心灰意冷，消沉地等待死亡的降临。他相信自己还能活很久。

于是，他每天坚持锻炼身体，为自己制订合理饮食计划，并用微笑面对生活，面对每一个人。

后来，当他再次去医院检查时，医生发现，他奇迹般地痊愈了！

不得不说，精神的力量多么伟大啊！

"没有比人更高的山，没有比脚更长的路。"这句话告诉我们，精神的力量是无穷的。决定我们能否成功的，不是困难，而是我们自己本身。当我们一蹶不振时，困难就会被放大无数倍。如果我们以百折不挠的态度去面对困难，局势就会扭转，困难就会被我们踩在脚下。

所以，让自己以最饱满的热情面对生活吧！相信精神的力量，相信自己，就会创造奇迹！

——对自己：遇到困难，要不停地鼓励自己，告诉自己"我能做到！"。即使跌倒，也要马上站起来，拍拍灰尘继续往前走。

——对朋友和家人：当身边的人遭遇难关时，要给予他们精神上的支持和鼓励，帮助他们走出阴霾。

乐观者所向无敌

罗小西爸爸所在的公司破产了,罗爸爸也失业了!

罗小西很担心爸爸,可他似乎又帮不上什么忙。

这天,爸爸正在看报纸,罗小西轻手轻脚地走过去,安慰爸爸说:"爸爸,您不要难过,我和妈妈都支持您……"

爸爸冲罗小西笑了笑,说:"爸爸没有难过呀。"

罗小西急了:"您就不要憋在心里了……"

爸爸听了罗小西的话,哈哈大笑起来。他放下手里的报纸,对罗小西说:"失业确实不是一件值得高兴的事情。但是,难过也解决不了问题啊!爸爸正在找新工作,说不定,这次失业对爸爸来说还是一个机会呢!"

果然,没过几天,爸爸接到了一家更好的公司发来的面试通知。

用乐观打败生活中的困难

· 有时候,并不是困难挡住了我们,而是我们自己把自己困住了。如果遭遇困难时,总是对自己说"天哪,我一定跨不过这道坎",那么我们一定会寸步难行;如果告诉自己"过了这个坎,前面就是康庄大道",那么我们就能轻松地击败困难。

· 困难最害怕的就是积极乐观的心态,还有坚持不懈的毅力。试着把乐观变成一种习惯,那么无论什么样的困难,都无法将你击败!

看到好的一面

罗小西很郁闷，因为老师这次调座位，把他安排到了中间的第一排。

这个位置简直糟糕透了。每天吃粉笔灰不说，还在老师的眼皮子底下，时时刻刻都要绷紧神经……

"啊，我的地狱生涯要来了！"罗小西发出一声"惨叫"。

朵拉安慰他说："我觉得坐在第一排也没什么不好呀！你看，上课能听得更清楚，还能和老师近距离交流。有了老师的监督，听课时会更认真……"

说了一大堆坐在第一排的好处后，朵拉拍了拍罗小西的肩膀："既来之，则安之。你就往好的方面想吧！"

是呀，毕竟没有什么事情是百分之百能让人满意的。既然事实已经无法改变，我们为什么不能往好的方面看呢？

任何事物都有两面性，阴影永远伴随着阳光一起出现。当你看到阴影的时候，就努力去寻找它背后的阳光吧。

看到好的一面

- 当遭遇失败时，你是否从失败中获得更多经验，让自己变得更坚强了呢？
- 当倒霉事接连不断发生时，你有没有发现自己好像变得更有耐心了呢？
- 当你抱怨朋友的各种缺点时，问一问自己看到朋友的优点了吗？
- 当旅途劳累时，你看到沿途美丽的风景了吗？

"怪癖"也可以是优点

东东有一个"怪癖"，就是喜欢各种各样的虫子。什么金龟子啦，蜘蛛啦，螳螂啦……他的口袋里总是放着一两条小虫子，突然拿出来时，总能把别人吓一大跳。

每天下课或放学后，东东最常干的事情，就是趴在树下或草丛里，观察各式各样的虫子。

听说他还在家里养了几只蜘蛛和甲壳虫呢。

大家都不明白，为什么东东会有这么奇怪的爱好呢？甚至有人说："东东，你什么时候能把这些恶心的虫子扔掉啊？"

可是东东并没有将大家的话放在心上。

直到有一天，大家发现东东好像不太一样了。

东东对昆虫的认识超乎了大家的想象。他只要看一眼图片，就能说出这个昆虫的名字、特征，甚至是生活习性。

科学老师开心极了，不仅表扬了他，还送了他一本《昆虫图鉴》！

大家都吃惊地张大嘴巴。没想到，大家眼中的"怪癖"，居然变成了东东的闪光点！

其实，东东喜欢昆虫并算不上什么"怪癖"，只是他的爱好比较独特而已。如果你和东东一样，也有一门奇怪的爱好，说不定也能像东东一样，将它变成优点呢。

只要你的"怪癖"没有损害到别人的利益，也没有影响到自己的日常生活，那么就不要在意别人的眼光和评价，坚持自己的爱好。

为了爱好付出努力，并全方位地投入其中。总有一天，你也能让大家刮目相看！

当然啦，由己及人，也不要用异样的眼光看待别人的"怪癖"！

小小侦探

早晨,罗小西刚走进教室,就看到朵拉坐在角落里哭。

"朵拉,你怎么了?"罗小西关切地问。

"我……我的零花钱丢了,呜呜。我明明记得放在书包里,怎么会丢呢?"朵拉哽咽着说。

罗小西想了想,问:"你还记不记得,最后一次见到零花钱是什么时候?"

"我在校门口买早餐的时候还在呢!"

罗小西又问:"那你还记得你是从哪一条路回到教室的吗?在回教室的路上,你还去过其他地方吗?"

"我是从花园的小路绕过来的。"

罗小西点了点头,说:"这就说明,你的零花钱是在你买完早餐之后,回教室的途中丢掉的。"

"你在花园里还做了什么事吗?"罗小西又问。

"我在花园里吃了早餐,拿出课本读了一会儿。"朵拉红着眼睛说。

听到这儿,罗小西拍了拍朵拉的肩膀,说:"我猜,你的零花钱很可能是你拿课本时,不小心掉出来了。走吧,我们一起去找找看!"

果然,俩人在花园的小亭子里找到了朵拉的零花钱。

你是不是很佩服罗小西的分析事情的能力呢?其实,罗小西的方法很简单,那就是把整件事的来龙去脉弄清楚,然后找到关键点,自然就知道零花钱丢在哪儿啦!

在生活中,当我们遇到难题时,也可以学习罗小西的"侦探法"哟!那就是找细节,找关键点!只要找到破解难题的关键,难题就能轻松被解决!

换一种思考方式

罗小西的爷爷是一位画家。这天，爷爷正在教罗小西用毛笔画山水画。可是，罗小西蘸墨时，一个不注意，在纸上滴了一滴墨水。

画上多了一个大黑点，要多难看有多难看。

"真倒霉，只差一点点就画完了！"罗小西气鼓鼓地说。

罗小西正要将画纸揉成一团扔掉，爷爷却阻止了他："慢着，这张画还能补救！"

说完，爷爷拿起一支干净的毛笔，蘸了一点水，慢慢地将黑点晕开。渐渐地，难看的大黑点不见了，变成了一朵漂亮的祥云。

罗小西对爷爷的高超画

技既佩服又羡慕，忍不住说："爷爷，你真厉害！"

明明已经作废的画，换了一种方式，就能化腐朽为神奇。在日常生活中，如果遇到难以过去的坎，不要死脑筋，转换一下思考方式，结果就可能大不一样呢！

晴天卖伞，雨天卖布

一个老太太有两个儿子，大儿子卖布，小儿子卖伞。

雨天的时候，老太太担心卖布的大儿子生意不好；晴天的时候，她又担心卖伞的小儿子没有生意，于是整天都闷闷不乐的。

直到一天，有人对她说："老太太，你真有福气，下雨天你的小儿子生意火爆，晴天你的大儿子又生意兴隆啊。"

老太太一想，果然如此，于是变得快乐起来了。

过程也很重要

周末,罗小西和几个好朋友约好一起去爬山。

在山脚下,东东建议:"不如我们比赛吧,比一比谁先爬到山顶。"

男孩们一听这话,个个摩拳擦掌,铆足了劲儿往上爬。可是,到半山腰的时候,倒霉的罗小西不小心摔了一跤。虽然摔得不严重,但是也因此和朋友们拉开了距离。眼看着要追不上了,罗小西干脆放慢了步伐,慢悠悠地走在最后,欣赏着沿途的花草树木……

当罗小西爬到山顶时,朋友们早就到了。很显然,罗小西是最后一名。

但是,罗小西并不因此感到沮丧。因为他虽然没有第一个到山顶，却欣赏到了更美的风景！

我们为了成功不停地往前冲，当遭遇失败或挫折时，免不了感到失落、沮丧。可是，当你回首过去，你会发现，在这一路上，自己付出过许多汗水，积累了很多的经验，学到了很多知识，也有过许多欢笑和泪水……这些丰富的收获、美好的记忆，并不会因为一次失败就消失。这时，你还认为自己的努力都白费了吗？

学会享受努力的过程

- 在做一件事情时，不要总是想着结果如何，想一想自己能从做这件事情的过程中学到什么，收获什么。
- 无论结果如何，都要为之付出全部的努力。你会因此感到充实、快乐。
- 当结果出来后，自己再细细把过程回顾一遍，看看这段历程给你带来了什么？是美好的回忆，还是深刻的教训？

大胆去尝试

这天,爸爸带罗小西来到了一个新鲜刺激的地方——滑雪场。

"要玩吗?"爸爸笑着问罗小西。

看着滑雪的人从高处飞速滑下,一个接着一个俯冲,时而一个360°空中旋转,时而一个后空翻……罗小西感到心惊胆战,赶紧摇摇头:"算了吧……"

"试一试吧,男孩子

胆子要大一点儿，这没什么好怕的。"爸爸一边说着，一边给罗小西套上了滑雪装备。

就这样，罗小西开始了人生中的第一次滑雪。

在专业人员的指导下，罗小西渐渐地掌握了滑雪技巧。当两边的风景从罗小西身旁飞速掠过，罗小西终于体会到了滑雪的乐趣。而他的恐惧早就被寒风吹得无影无踪……

在成长的过程中，我们会遇到很多新鲜的事物、各种各样的挑战。如果你想要开阔自己的视野，增强自信心，不断突破自己，那就大胆地去尝试吧！

让大胆尝试成为一种习惯：

☆ 去做一件自己一直不敢做的事情。

☆ 遇到困难，尝试自己解决。

☆ 少说"不可能"。

☆ 勇敢踏出第一步。

你有大胆尝试的经历吗？请写在下面的横线上。

培养逻辑思维能力

这天数学课,老师给大家出了一道题:一个农夫带着羊、狼、白菜过河。船很小,农夫每次只能带一样东西过河。但是狼吃羊,羊吃白菜,所以不能让它们单独待在一起。那么,农夫应该如何将三样东西安全地带过河呢?

罗小西快速思考起来:如果先送狼过河,羊会把白菜吃掉。先送白菜,狼又会把羊吃掉。先送羊倒是可以,可接下来不管送狼还是送白菜都不行……罗小西脑袋都快变成一团糨糊了,可怎么也想不出好方法。

这道题实在太难了,就连数学成绩一向很好的林木木也束手无策。

最后,数学老师只好公布了正确答案。

同学们顿时恍然大悟,居然是这样啊!

其实,这是一道简单的逻辑思考题,考验的是我们的逻辑思维能力。

在我们的生活和学习中,处处都离不开逻辑。培养自己的逻辑思维能力,能帮助我们对问题进行合理的分析和判断,让我们做事变得更有条理,效率也会更高哟。

● 应该如何培养逻辑思维能力呢？

★ 做数学题时，每一个解题过程都要写清楚。

★ 写作文时，文章的思路和结构要清晰，让人一目了然。

★ 与人交流时，学会使用正确、严谨的语言，将自己的想法完整、清晰地表达出来。

★ 多多参加学校的各种辩论赛，这会大大提高你的逻辑思维能力。

从被动到主动

罗小西有一个不好的习惯，就是无论做什么事，都不主动，别人说一下，他才动一下。

比如，妈妈让他看书，他会乖乖地去看书。可是，如果妈妈没说，罗小西绝对不会主动看书。又比如，老师布置了家庭作业，罗小西会认真地完成。但是，完成作业后，罗小西绝不会主动给自己布置新的学习任务。

妈妈生气地说："罗小西，我看你就是个'算盘珠子'。"

罗小西不明白："为什么我是'算盘珠子'呀？"

妈妈说："因为只有算盘珠子，才会'拨一下，动一下'。"

哈哈，妈妈的这个比喻还真是够形象的。你是不是也和罗小西有一样的经历呢？这就是一种被动的表现。

一个被动的人，会为了应付家长和老师，被动地去解决问题。就像一个机器人，按照指定的命令去完成任务，从不主动做事。这样的人，又怎么能突破自己，不断前进呢？

所以，我们一定要养成积极良好的思维习惯，由被动到主动，掌控自己的人生！

被动的人有哪些表现呢？

- 不愿意自己动脑筋。
- 生活中总是依赖别人。
- 做事总是消极、怠慢。
- 缺乏目标和理想。
- 常常说"等会儿再去吧""不着急"。

变被动为主动的好方法

- 首先要认识到：只有主动的人，才能将命运掌握在自己手中。
- 要成为主动的人，就要培养积极乐观的心态。
- 不要过低地评价自己，要培养自信心。
- 多多尝试新鲜事物，激发对生活和学习的热情。

图书在版编目(CIP)数据

优秀男孩的习惯胜经：好习惯让你更优秀/彭凡编著. —北京：化学工业出版社，2016.9（2022.7重印）
（男孩百科）
ISBN 978-7-122-27787-9

Ⅰ.①优… Ⅱ.①彭… Ⅲ.①男性-习惯性-能力培养-青少年读物 Ⅳ.①B842.6-49

中国版本图书馆CIP数据核字（2016）第181670号

责任编辑：马鹏伟 丁尚林　　　　文字编辑：李　曦
责任校对：陈　静　　　　　　　　装帧设计：尹琳琳

出版发行：化学工业出版社（北京市东城区青年湖南街13号　邮政编码100011）
印　　装：天津市银博印刷集团有限公司
710mm×1000mm　1/16　印张11　2022年7月北京第1版第12次印刷

购书咨询：010-64518888　　　　　　　　售后服务：010-64518899
网　　址：http://www.cip.com.cn
凡购买本书，如有缺损质量问题，本社销售中心负责调换。

定　　价：25.00元　　　　　　　　　　　　　　　　版权所有　违者必究